Anatoliy Fedorovich Trutnev

Nowe podejście do pojęcia ładunku w fizyce

Anatoliy Fedorovich Trutnev

Nowe podejście do pojęcia ładunku w fizyce

Monografia

Wydawnictwo Bezkresy Wiedzy

Imprint

Cover image: www.ingimage.com

Publisher:
Wydawnictwo Bezkresy Wiedzy
is a trademark of
International Book Market Service Ltd., member of OmniScriptum Publishing Group
17 Meldrum Street, Beau Bassin 71504, Mauritius

Printed at: see last page
ISBN: 978-620-0-54261-8

Drogi czytelniku,

książka, którą posiadasz, została pierwotnie wydana pod tytułem
"Новый подход к понятию заряда в физике",
ISBN 978-620-2-01516-5.

Jego publikacja w języku polskim jest możliwa dzięki zastosowaniu najbardziej zaawansowanej sztucznej inteligencji dla języków.

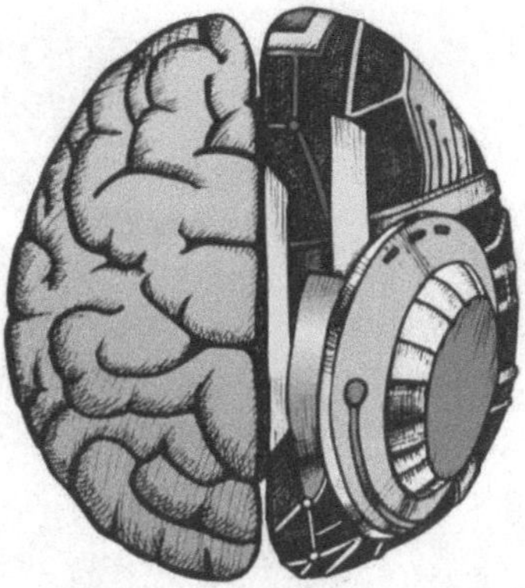

Technologia ta, uhonorowana pierwszą w historii Honorową Nagrodą Sztucznej Inteligencji w Berlinie we wrześniu 2019 r., naśladuje sposób działania ludzkiego mózgu, dzięki czemu jest w stanie uchwycić i przetłumaczyć nawet najmniejsze niuanse w bezprecedensowy sposób.

Mamy nadzieję, że znajdą Państwo wiele satysfakcji z tej książki i uprzejmie prosimy o uwzględnienie wszelkich rozbieżności językowych, które mogłyby wyniknąć z tego procesu.

Miłego czytania!

IMPRINT NAME

Spis treści

Przedmowa

Książka przedstawia dogłębną koncepcję właściwości materii i przestrzeni. Na podstawie modelowanego systemu przeanalizowano ich wzajemne oddziaływanie. Wyniki badań prezentowane są w książkach: Fizyka przestrzeni kosmicznej, Tajemnicza grawitacja oraz w zbiorach artykułów z dziedziny fizyki przestrzeni kosmicznej. Artykuły zostały opublikowane w zbiorach konferencji odbywających się w latach 2013-2018 w USA, Kanadzie, Niemczech, Rosji (Moskwa, Sankt Petersburg, Belgorod, Kaliningrad, Wołgograd).

Fizycy coraz częściej wykorzystują równania matematyczne do tworzenia nowych teorii, a do weryfikacji uzyskanych danych teoretycznych używa się wysoce precyzyjnych urządzeń. Wszystko to, razem, pozwoliło im ostatnio na dokonanie kilku ważnych odkryć. Odkryto bozon Higgsa i fale grawitacyjne. Udało nam się praktycznie zatrzymać fotony światła, zrobić zdjęcie atomu i spojrzeć w okolice czarnej dziury. Jednocześnie należy zauważyć, że dzieje się to poprzez mierzoną pasję do budowania zawiłych teorii, gdzie równania "panują" coraz dalej od rozwiązywania "starych" problemów białych plam nauki fizycznej.

Na przykład, fizyczna natura pola magnetycznego nie została jeszcze w pełni ujawniona, a jego charakterystyka mocy jest określana doświadczalnie. Niektórzy naukowcy uważają, że o naturze magnetyzmu wiadomo tyle samo, co w czasach Faradaya i Ampera. Nie ma jednoznacznych odpowiedzi. Co to jest magnes trwały? Co dzieje się wewnątrz niego, gdy wchodzi w interakcję z innymi magnesami stałymi lub obwodami z prądem ? Dlaczego nie stworzono teorii interakcji z magnesami trwałymi? Niektórzy naukowcy zaprzeczają zjawisku magnetyzmu w ogóle, odwołując się do stwierdzenia Ampera "Nie ma magnetyzmu, jest jedna elektryczność". Nie ma jednoznacznego, pełnego i dokładnego wyjaśnienia mechanizmu wzajemnego oddziaływania ładunków elektrycznych. Dlaczego są dwie opłaty i jaka jest różnica między opłatą dodatnią a ujemną? Dlaczego kwarki mają ułamkowy ładunek elektryczny? Dlaczego na skrzyżowaniu przewodnika linii magnetycznych powstaje w nim prąd elektryczny? Dlaczego fotony o różnych energiach w próżni mają taką samą prędkość?

Również mechanizm oddziaływania grawitacyjnego ciał materialnych oddalonych od siebie w znacznej odległości nie jest ujawniony. Wśród naukowców nie ma zgody co do tego, czy siły grawitacyjne powinny być uznawane za siły dalekiego czy krótkiego zasięgu. Pozostaje pytanie, dlaczego wszystkie ciała kuliste zachowują się tak, jakby cała ich masa była skoncentrowana w centrum.

Wśród naukowców nie ma zgody co do realności istnienia lekkonośnego powietrza. Pomimo długiego okresu badań prowadzonych na wysokim, profesjonalnym poziomie przez naukowców z różnych krajów, nie ma jednoznacznej odpowiedzi na to pytanie. Publikacje na ten temat są nadal w toku. Tak więc, w swoich pracach Galajew donosi o odkryciu eterycznego wiatru w przestrzeni blisko-ziemskiej, a Kuzyczew twierdzi, że Newton, Einstein i ich zwolennicy wypędzili eter ze wszystkich teorii, ale w naturze nie zniknął. Wszystkie ich teorie polegają na fałszowaniu wiedzy naukowej poprzez zastępowanie zjawisk rzeczywistych zjawiskami wyimaginowanymi.

Próba uzyskania pewnych odpowiedzi na powyższe pytania była motywem do modelowania systemu oddziaływania materii i przestrzeni.

Książka ta przedstawia uogólniający materiał badawczy, będący końcowym etapem budowania hipotezy o oddziaływaniu materii i przestrzeni w oparciu o modelowany układ.

Wprowadzenie

Fizyka to nauka oparta na doświadczeniach, eksperymentach, rzetelnie ustalonych faktach. Modelowany system, który jest podstawą tej pracy, opiera się na założeniu istnienia energetycznych wątków przestrzeni, których obiektywna rzeczywistość jest obecnie eksperymentalnie niemożliwa do ustalenia. Jednocześnie należy zauważyć, że w takich przypadkach stosuje się dowody pośrednie w celu potwierdzenia teoretycznego uzasadnienia procesów zachodzących w miejscach niedostępnych dla ich pomiaru. Jak jelita gwiazd. Ta technika jest również stosowana w tym artykule. Tak więc, na przykład, wyniki modelowania są pośrednio potwierdzone w rzeczywistych procesach i zjawiskach fizycznych. Symulowany system pozwala na wprowadzenie pewnej jasności do istoty procesów fizycznych, zjawisk i zachowań poszczególnych cząstek elementarnych, na które jak dotąd nie ma jednoznacznych odpowiedzi w nauce. Wnioski z modelowania pozwalają na przewidywanie decyzji o problemach i sposobach rozwoju wiedzy o właściwościach fizycznych ciał, procesów i ich oddziaływań w świetle współczesnych wyobrażeń o nich.

Hipoteza o oddziaływaniu materii i przestrzeni nie stoi w sprzeczności z podstawowymi podstawowymi prawami fizycznymi i chemicznymi, dlatego ma prawo istnieć. Ona nie obala żadnych fizycznych teorii. Eliminuje to problem prawa do oszczędzania energii w teorii względności. O nowych, wynikających z rzeczywistego rozkładu pierwiastków chemicznych w granicach układu słonecznego, mechanizmach ich powstawania w jelitach gwiazd, wyjaśnia fizyczna istota ładunków elektrycznych i barwnych. Ujawniono mechanizm oddziaływania grawitacyjnego ciał materialnych usuwanych w znacznych odległościach od siebie oraz mechanizm oddziaływania pola magnetycznego magnesów stałych z ładunkami elektrycznymi. Ruch neutrino jest rozważany na zupełnie nowej podstawie. Pośrednie dowody na realność istnienia wątków energetycznych przestrzeni są podane

Podstawą teorii są podstawowe pozycje modelowanego systemu:

R = W + P   gdzie W-materia, P-przestrzeń
T- czas jest formą interakcji pomiędzy materią a przestrzenią.

E- energia jest formą relacji pomiędzy materią a przestrzenią.

Sformułowanie podstawowych postulatów

1. Rzeczywistości (R) otaczającego świata są wynikiem oddziaływania materii, a przestrzeń ostatniej niepodzielnej cząstki materii jest dodatnio naładowaną grawitonowo, a przestrzeń jest ujemną prostoną.

2. Formą ich wzajemnych powiązań jest energia, która tutaj działa w dwóch hipostazach - energii materii ($_{Em}$) i energii przestrzeni (--Ep.), które są wzajemnie przenoszone na siebie.

3. Przestrzeń w modelowanym układzie reprezentowana jest przez zbiory przestrzeni zgromadzonych w "wątkach energetycznych", które z kolei tworzą rodzaj "sieci", równomiernie obciążonej we wszystkich kierunkach siłami odpychania ładunków o tej samej nazwie.

4 Materią w symulowanym systemie jest zbiór grawitonów umieszczonych w określony sposób pomiędzy włóknami energetycznymi przestrzeni.

Grawiton (g) jest skrzepem energii materii, a prosty jest (q) skrzepem energii przestrzeni. Zakrzepy powstały we wczesnych fazach wszechświata. Cząstki są takie same w module i odwrócone w znaku.

Wszystkie ciała materialne (od cząsteczek do galaktyk) poruszają się w wątkach energetycznych przestrzeni i deformują je. Proton ściska, a elektron rozszerza włókna energetyczne przestrzeni, w tym ich fundamentalne podobieństwo i różnicę. Pomimo tego, że proton jest cięższy od elektronu o 1840 razy, cząstki te mają te same rozmiary, ale różnią się oznaką ładunków.

We współczesnym świecie wszystkie procesy fizyczne, chemiczne, biologiczne, jądrowe, zjawiska, interakcje zachodzą z bezpośrednim udziałem energii materii i energii wszechświata. Przechodzą one wzajemnie w siebie i służą jako podstawa do kształtowania całej różnorodności różnych rodzajów energii materialnej i sposobów ich przechodzenia z jednego rodzaju do drugiego.

Rozdział 1: Edukacja wszechświata

1.1 Formacje materii i antymaterii

Jedną z najważniejszych tajemnic fizyki jest pytanie, dlaczego w całej widzialnej części wszechświata jest tylko materia. Chociaż zgodnie z podstawowymi prawami fizyki w momencie narodzin wszechświata powinna powstać taka sama ilość materii i antymaterii. Gdzie w tym przypadku była antymateria? Wśród fizyków teoretyków nie ma zgody w tej kwestii. Niektóre wyjaśniają brak antymaterii we wszechświecie asymetrii pomiędzy nią a materią, która powstała już w czasie Wielkiego Wybuchu. Inni tłumaczą nierównowagę między nimi tym, że pierwotna ilość substancji (materii barionowej) i antymaterii (materii antymaterii) była taka sama, ale ze względu na asymetrię reakcji w stosunku do cząstek (materii i antymaterii) i nastąpił wzrost pierwszej i spadek drugiej. Niektórzy uważają, że we wszechświecie istnieją obszary, w których materia dominuje nad jednymi, a antymateria nad innymi.

Zgodnie z podstawowymi zasadami symulowanego układu, materia i antymateria współistnieją razem, ale tylko w różnych płaszczyznach. Założenie to jest argumentowane w następujący sposób.

Powszechnie przyjmuje się, że materia i przestrzeń zostały utworzone z energii Wielkiego Wybuchu. W symulowanym systemie energia jest reprezentowana jako produkt oddziaływania pomiędzy energią materii a energią przestrzeni. Z tego możemy założyć, że edukacja odbywała się w dwóch wariantach. W pierwszym wariancie grawitony były tworzone z energii materii, a z nich materia. Z energii przestrzeni uformowała się prostota, a z nich Światowa sieć wątków mocy (przestrzeni). Więc nasz świat został uformowany. W drugim wariancie antymateria została uformowana z pierwotniaka, a grawitony utworzyły sieć antymaterii składającą się z wątków energetycznych grawitonów. To znaczy, Antimir. Oba światy istnieją razem, ale tylko w różnych płaszczyznach. Założenie to może być zilustrowane następującymi procesami fizycznymi zachodzącymi w rzeczywistości: narodziny elektronu i pozytonu, cząstki i antycząstki, na styku dwóch kwantów energii (rys.1 a).oraz anihilacja elektronu na styku z pozytonem (rys.1 b). W pierwszym wariancie konieczne jest zderzenie dwóch fotonów w celu utworzenia pary elektronów pozytonowych. Całkowita energia fotonów powinna wynosić co najmniej dwie masy elektronów 1,02 Maeve. Elektron jest tworzony z wolnych przestrzeni, a pozyton z wolnych grawitonów. Obie cząsteczki znajdują się zawsze w próżni fizycznej w wymaganej ilości. Energia uwolniona w wyniku zderzenia fotonów lokalnie ściska włókna energetyczne przestrzeni do stopnia przewyższającego stopień ściśnięcia wewnątrz elektronu i pozytonu. W tym przypadku energia materialna fotonów jest wykorzystywana do tworzenia wiązań energetycznych wewnątrz pozytonu, a energia przestrzeni do tworzenia wiązań energetycznych wewnątrz elektronu. Po utworzeniu, cząsteczki nie ulegają anihilacji, lecz rozpraszają się na różne płaszczyzny. W drugim wariancie cząstki spotykają się w jednej płaszczyźnie i są wzajemnie niszczone. W tym przypadku, wewnątrz pozytonu i elektronu niszczone są wiązania energetyczne łączące grawitony i prostotę. Energia zgromadzona w energetycznych wiązaniach materii i energii kosmicznej zostaje uwolniona, a wolne grawitony i prostota zostają przywrócone do fizycznej próżni.

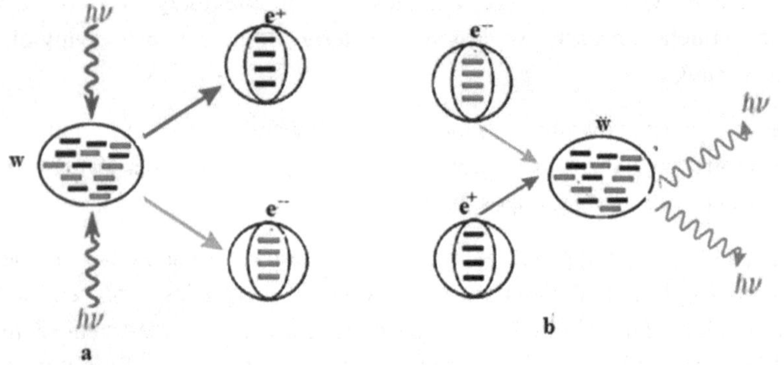

Rys. 1.Schemat narodzin pary cząsteczek - przeciwcząstka z energii światła i jej anihilacji

a - narodziny elektronu - para pozytonów b - ich unicestwienie...

1.2 Formacja gwiezdna

Weźmy to jako przykład słońca.

Według współczesnych koncepcji fizyków, Słońce wyłoniło się z chmury pyłowo-gazowej powstałej w wyniku eksplozji supernowej gwiazdy. W symulowanym systemie miało się to odbywać w trzech fazach.

Kiedy protostar eksplodował, pojawiła się potężna fala uderzeniowa, która wielokrotnie zwiększyła stopień kompresji wątków mocy przestrzeni w epicentrum eksplozji. W pierwszej fazie tworzenia się gwiazdy grawitony gazu i cząstek pyłu zaczęły stopniowo przemieszczać się w liniach energetycznych przestrzeni w kierunku ich większego ściśnięcia, czyli od obwodu do centrum eksplozji. W wyniku tego wskaźnik kompresji nadal wzrastał. W tym samym czasie uwalniana była energia przestrzeni, przechodziła ona w energię materii, która następnie była pochłaniana przez cząsteczki gazu i pyłu. Ich energia kinetyczna wzrastała, a co za tym idzie, temperatura chmur również wzrastała. Cząstki szybko poruszające się ściskają nici energetyczne przestrzeni wokół nich, a nie wolno poruszające się, a ponieważ grawitony poruszają się w kierunku zwiększonego ściskania nici energetycznych przestrzeni, cząstki te zostały połączone. W wyniku tego powstały lokalne zagęszczenia mieszaniny pyłów i gazów, a wiele takich zagęszczeń miało miejsce we wczesnej fazie rozwoju gwiazdy. Są one następnie łączone w jedną całość. Stopień ściśnięcia splotów energetycznych wokół tego uszczelnienia oraz zakres jego rozchodzenia się wielokrotnie się zwiększał. W tym samym czasie jego masa wielokrotnie wzrastała, a jego kształt zmieniał się dynamicznie. Dynamiczna zmiana kształtu uszczelki pociągnęła za sobą zmianę powstałych sił przyłożonych do różnych części uszczelki. Po osiągnięciu masy krytycznej uszczelnienia, dominująca siła wszystkich powstających sił obraca całą masę uszczelnienia w kierunku jego działania. W rezultacie uszczelnienie zaczęło obracać się w kierunku przeciwnym do ruchu wskazówek zegara (Rys. 2).

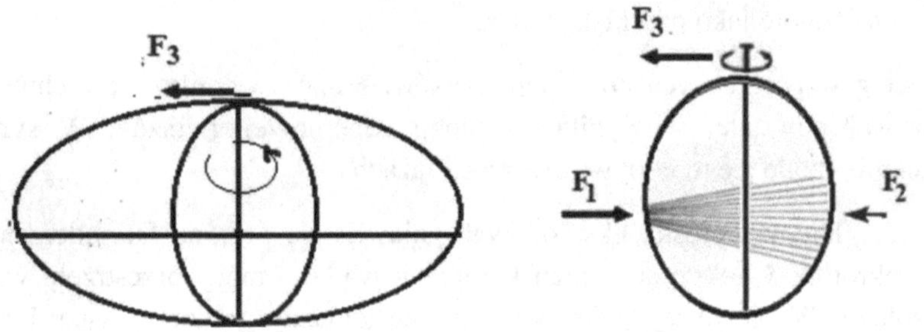

Rys.2 Schemat rozpoczęcia rotacji we wczesnej fazie rozwoju Słońca.

F1 jest siłą działającą na oś słoneczną z obszaru o wysokim stopniu ściskania gwintu siły kosmicznej. F2 jest siłą działającą na oś słoneczną z obszaru o niskim stopniu ściskania gwintu siły kosmicznej. F3 - siła określająca kierunek obrotu osi słonecznej

W drugim etapie rozwoju młodego Słońca z rosnącą prędkością rotacji rozpoczęło się formowanie jego kulistego kształtu. Szybko utworzyła masę grawitacyjną, przyciągając cząsteczki z mieszaniny pyłów i gazów otaczających gwiazdę. W tym samym czasie zwiększył się stopień kompresji wątków mocy w gwieździstej i otaczającej przestrzeni. Wpływ ten rozkłada się na coraz większy dystans.

Wraz z rosnącym ściskaniem grawitacyjnym w jelitach gwiazdy zwiększał się stopień deformacji (skurczu) włókien energetycznych wewnątrz przestrzeni gwiazdy. A gdy tylko przekroczył stopień deformacji gwintu siły w wewnętrznej przestrzeni atomowej atomu wodoru, elektrony pokonały przyciąganie jąder i "odlatują" z atomu, stało się to dlatego, że elektrony poruszają się w kierunku wyższego stopnia kompresji. Rezultatem jest "rosół" z wysokoenergetycznych i szybkich protonów i elektronów. Wraz z dalszym wzrostem stopnia kompresji włókien energetycznych przestrzeni, protony zaczęły pochłaniać elektrony i zamieniać się w neutrony.

W trzecim etapie rozwoju, Słońce przybrało postać kuli gazowej, która obraca się w kierunku przeciwnym do ruchu wskazówek zegara. Odkształcił on (zakrzywił) linie energetyczne otaczającej go przestrzeni w kierunku jej obrotu w odległości ponad 2400 m. Stopień ściskania linii energetycznych przestrzeni w jelitach gwiazdy stale wzrastał. Po osiągnięciu jednakowego stopnia ściśnięcia wątków energetycznych przestrzeni w wewnętrznej przestrzeni atomu helu, rozpoczęła się reakcja termojądrowa. Cztery protony zostały połączone w celu utworzenia jądra helu z uwolnieniem energii jądrowej.

1.3 Próżnia fizyczna

Zgodnie ze współczesnym rozumieniem fizycznego obrazu świata próżnia nie jest pustką, lecz pewną substancją, w której substancja ta jest zamknięta. Nawet wewnątrz masywnego ciała stałego, próżnia jest większa niż substancja. W atomie jego udział wynosi około 90% wewnątrz przestrzeni atomowej, a chmura elektroniczna i rdzeń zajmują nie więcej niż 10%...

W symulowanym systemie, fizyczne podciśnienie jest ujemnie naładowaną "siatką", która została utworzona przez Wielki Wybuch.

Wszechświat stale powiększa się. Ale jego tempo rozwoju nie zawsze było takie samo. W okresie inflacji była ona najwyższa, potem znacznie spadła, a teraz ekspansja ponownie przyspieszyła. W obrębie symulowanego systemu wynika to z następujących powodów. Rozprzestrzeniające się galaktyki rozciągają sieć WWW i tym samym kompresują jej linie energetyczne. W tym przypadku energia przestrzeni jest uwalniana, wydawana na ich rozbudowę. Energia przestrzeni jest zamieniana na energię materii, która wytwarza siłę działającą w kierunku ruchu galaktyki. Ilość uwolnionej energii kosmicznej jest określona przez stosunek, różnicę pomiędzy początkowymi i końcowymi stopniami ściskania power threads of space oraz różnicę kwadratów odległości pomiędzy dwoma power threads of space.

$$Ep=\frac{Z}{r_{н}^2-r_{к}^2}$$

gdzie Z jest różnicą pomiędzy końcowym i początkowym stopniem kompresji

dn - odległość mocy przed kompresją

hc - odległość między nimi po ściśnięciu

Im wyższa jest różnica pomiędzy końcowym i początkowym stopniem ściśnięcia wątków energetycznych przestrzeni, tym więcej energii przestrzeni zostanie uwolnione. W konsekwencji na galaktyki oddziaływać będzie wielka siła, powodująca przyspieszenie ich ruchu.

Są grawitony i prostota w przewodach zasilających World Network w stanie wolnym. Cząsteczki znajdują się w ciągłym ruchu ze względu na ich okresowe ściskanie i rozszerzanie. Wahania sieci światowej wynikają z faktu, że zawiera ona niewyczerpany ocean energii, którego gęstość energii zmienia się w czasie. Głównym źródłem energii tego oceanu jest energia kinetyczna Wielkiego Wybuchu, zamieniona na energię kosmosu i zmagazynowana w liniach energetycznych Sieci Światowej. Twierdzi się, że jest to hipotetyczna forma energii z podciśnieniem, która nazywana jest ciemną energią i według ostatnich obliczeń fizyków stanowi około 70% całkowitej masy - energii obserwowanego wszechświata. Gęstość energetyczna przestrzeni w liniach energetycznych Sieci Światowej zmienia się okresowo. Energia materialna promieniowania elektromagnetycznego gwiazd oraz, w wyniku unicestwienia par cząstek, antycząstka zamienia się w energię przestrzeni i zwiększa jej gęstość. Przyspieszony ruch galaktyk i tworzenie się pary cząsteczka-półcząsteczka zużywa energię materii, która jest przekształcana z energii przestrzeni, co powoduje spadek gęstości tej energii.

Z punktu widzenia symulowanego systemu, Sieć Światowa jest fundamentalną podstawą wszystkich procesów i zjawisk fizycznych. Jest to dynamiczny system z intensywnymi wahaniami. Wątki mocy przenikają przez przestrzeń kosmiczną świata i wszystkie nośniki materii w niej zawarte. Wewnątrz ciała stałego, masywnego, objętość jaką zajmują jest wielokrotnie większa od objętości zajmowanej przez materię, a znaczna część z nich znajduje się w stanie wolnym od materii. Obecnie nie można wykryć wątków siły bezpośredniej, ponieważ nie ma odpowiednich urządzeń do tego celu, ale w doświadczeniach, procesach można zaobserwować przejawianie się ich właściwości. W ten sposób, ze względu na ładunek ujemny, łączą one dodatnio naładowane cząstki materii w pewne struktury i zapobiegają ich rozpadowi. Gdyby linie energetyczne nie przechodziły przez żarówki, nie wystąpiłoby spontaniczne promieniowanie i nie świeciłyby się. Gęstość substancji w Słońcu wynosi około 150 g/cm3. Jednak dzięki obecności w tak super-gęstej materii słonecznej nici energii wolnej od nośników materialnych, elektroniczne neutrina powstałe w wyniku reakcji termojądrowych w centrum Słońca, swobodnie docierają na jego powierzchnię. Natomiast fotony potrzebują wielu lat, aby to zrobić.

Grawitony i prostota obecne w wątkach mocy sieci World Network w stanie wolnym są "niczym", które, jak wielu fizyków uważa, zamienia się w wiele par cząstka - antycząstka. Cząstki te służą jako "cegły" do tworzenia różnych par cząstek - antycząsteczek, ale tylko w sprzyjających warunkach. Należą do nich: wartość stopnia ściskania gwintu siłowego przestrzeni odpowiadająca stopniowi ściskania, przy którym cząstka powstała z energii materiału po Wielkim Wybuchu, a także całkowita ilość energii oddziałujących fotonów, która powinna być co najmniej sumą mas spoczynkowych pary wyłaniającej się cząstki - antycząstki. Na przykład, aby urodzić parę proton-antyproton, konieczne jest zderzenie wysokoenergetycznych fotonów. Całkowita ilość energii przez nie przenoszonej musi być co najmniej równa sumie mas spoczynkowych tych cząstek, czyli 1,8766 keV. Stopień ściskania pasm siły kosmicznej w momencie oddziaływania fotonów powinien odpowiadać stopniowi ich ściskania wewnątrz protonu. Jeśli jeden z warunków nie jest spełniony, wtedy pojawiają się i natychmiast znikają tak zwane "wirtualne cząstki". Gdy wszystkie warunki są spełnione, rodzą się prawdziwe cząstki. W naturze takie warunki są tworzone wokół masywnych ciał kosmicznych w jądrach galaktyk. Pochodzące tam antycząsteczki docierają do Ziemi. Positrony, antyprotony i antyneutrony są obecnie obserwowane w promieniach kosmicznych. Szczególnie optymalne warunki do narodzin antycząsteczek powstają w pobliżu czarnych dziur. Stopień ściskania wątków energetycznych przestrzeni wokół tych obiektów kosmicznych osiąga takie wartości, że pary cząsteczkowe - antycząsteczkowe rodzą się w sposób ciągły i w ogromnych ilościach. W tym przypadku jedna z cząstek jest wychwytywana przez czarną dziurę, a druga odlatuje od niej, tworząc tzw. promieniowanie Hawkinga. Bardzo trudno jest stworzyć takie warunki w laboratorium. Wymagane są wiązki laserowe o wysokiej intensywności oraz system magnesów odchylających cząsteczki. Sądząc po artykułach w czasopismach naukowych, problemy z uzyskaniem różnych par cząsteczek - antycząsteczek zostały pomyślnie rozwiązane.

1.4 Zjawisko czasowe

Współcześni fizycy intensywnie badają zjawisko czasu. W teoriach fizycznych: fizyce i mechanice klasycznej, ogólna teoria względności, mechanice kwantowej i fizyce relatywistycznej czas wchodzi we wszystkie wzory. Jednocześnie jest on w nich zawarty jako parametr fizyczny i wyklucza różnice między przeszłością a przyszłością. Jednak w każdej z tych teorii pojęcie znaczenia zjawiska czasu jest inne. W mechanice czas jest utożsamiany z ruchem, u biologów z cyklami życia. Astrofizycy łączą czas z rozszerzaniem się wszechświata, dla psychologa czas to świadomość. Głównym zadaniem badania zjawiska czasu na obecnym etapie rozwoju nauki o czasie jest znalezienie odpowiedzi na następujące pytania. Czy to już czas, czy nie? Czy jest jednokierunkowy, czy ma inne kierunki? Czy to jest dyskretne czy ciągłe? Czy jego kurs jest równy czy nierówny? Czy można zarządzać czasem? Czy to naprawdę kwant czasu?

Analiza źródeł literackich poświęconych badaniu zjawiska czasu pokazuje, że pomimo intensywnych badań nad tym zagadnieniem, wciąż istnieje wiele nierozwiązanych problemów. Założyciel International Society for Time Studies. D. Fraser zwraca uwagę, że fizyczne, chemiczne i biologiczne pojęcia czasu nie mogą być postrzegane z jednego punktu widzenia. Na tym etapie badań konieczna jest fundamentalna analiza dostępnych faktów, wniosków i założeń, które ostatecznie ujawnią uniwersalne prawdy o zjawisku czasu. Badania z pomocą systemu interakcji materii i przestrzeni zapewniają pewną jasność w pogłębianiu pojęcia zjawiska czasu.

Zgodnie z podstawowymi zasadami modelowania, obiektami rzeczywistymi świata fizycznego są materia i przestrzeń. Oba elementy są w ciągłej interakcji. Wszystkie realia świata fizycznego są wynikiem tej interakcji. Koncepcyjne znaczenie słowa "interakcja" oznacza ruch, przepływ, który charakteryzuje się prędkością. Szybkość oddziaływania materii i przestrzeni, a w tej hipostazie w symulowanym czasie systemowym pojawia się, ma pewien kierunek. Wyróżnia się następujące rodzaje tych interakcji: uniwersalny przepływ czasowy i lokalne prądy czasowe. Interakcje lokalne dzielą się na fizyczne, biologiczne i psychologiczne.

Uniwersalny czas uniwersalny

Powszechnie przyjmuje się, że nasz wszechświat został uformowany przez Wielki Wybuch. Fizycy teoretycy uważają, że nagle z niczego, w skali Calvina, pojawiła się kula ognia o temperaturze od dziesięciu do trzydziestu stopni. Przed wybuchem, czas był zerowy.

W ramach modelowanego systemu, czas we Wszechświecie powstał od początku interakcji materii i przestrzeni. Czas w systemie przejawia się jako forma oddziaływania materii z przestrzenią, a oddziaływanie to jest pewną formą ruchu. Główną częścią ruchu jest prędkość. W skali Wszechświata w różnych okresach jego rozwoju szybkość interakcji pomiędzy matką a przestrzenią była różna. Tak więc w okresie inflacji, kiedy to nastąpiło rozciągnięcie wątków mocy w świecie, a prędkość rozszerzania się wszechświata była wyższa od prędkości światła, przebieg czasu w tym okresie był nieznacznie mały. Następnie rozpoczęło się ściskanie wątków energetycznych przestrzeni, gwałtownie zmniejszyło się tempo ekspansji wszechświata, znacznie zwiększyło się tempo oddziaływania materii z przestrzenią, a w konsekwencji zwiększyło tempo przepływu czasu. Obecnie wzrasta stopień ściśnięcia wątków energetycznych przestrzeni , zwiększa się szybkość ekspansji wszechświata, maleje szybkość interakcji między materią a przestrzenią. Wszystkie te fakty występujące w rzeczywistości świadczą o tym, że prędkość (v) przepływu czasu (T) jest odwrotnie proporcjonalna do prędkości materii w przestrzeni.

$$T = \frac{1}{v}$$

Według obserwacji współczesnych astrofizyków, w samej widocznej części kosmosu znajdują się dziesiątki trylionów galaktyk, a jest to tylko dwieście pięćdziesiąt procent całego wszechświata, z których każda zawiera miliardy gwiazd oraz kosmiczny pył i chmury gazu. A cały ten stos materii porusza się w energetycznych nićch przestrzeni, rozciągając je w kierunku swojego ruchu, nieustannie z nimi współdziałając, a tym samym określając prędkość przepływu uniwersalnego czasu.

Ale przyspieszony ruch galaktyk nie będzie miał miejsca wiecznie. Zatrzyma się, gdy odległość między dwoma sąsiednimi liniami energetycznymi przestrzeni stanie się mniejsza niż wielkość grawitonu. To jest stan wszechświata dziesięć do trzydziestu sekund po Wielkim Wybuchu. W wyniku tego wątki mocy przestrzeni rozpadną się na prostotę. Podstawowe oddziaływania znikną, powodując rozpad protonów, które składają się z jąder atomów pierwiastków chemicznych zwykłej materii na niepodzielne cząstki grawitonów. Wszechświat będzie się składał z chaotycznej mieszanki salonów i grawitonów o temperaturze zerowej stopni w skali Kelwina, czyli wzrośnie entropia. W rezultacie materia i przestrzeń nie będą na siebie oddziaływać, a przebieg uniwersalnego czasu zniknie.

Lokalne metody przepływu czasu

Fizyczny przepływ czasu. Dzieje się to zarówno na poziomie mikro jak i makro.

Mikropoziom to świat cząstek elementarnych. Tutaj interakcja materii i przestrzeni odbywa się zarówno w kierunku do przodu, jak i do tyłu. Dobrze ilustrują to następujące przykłady

1. Pary unicestwiające cząstki to antycząsteczki.

Kiedy para cząsteczek spotyka się, antycząsteczka jest wzajemnie niszczona. Rozbija to wiązania pomiędzy składającymi się na nie cząstkami, pierwotniakami i grawitonami, uwalniając energię wiązań. Kiedy cząstka się rozpada, uwalniana jest energia materii, a kiedy rozpada się antycząstka, energia przestrzeni. W rezultacie, cała uwolniona energia przechodzi w energię dwóch kwantów lecących w przeciwnych kierunkach. Oznacza to, że fotony są połączeniem energii materii i energii przestrzeni, które są wzajemnie przekazywane do siebie. W tym przypadku cząsteczki strukturalne są niszczone na małe, niepodzielne cząstki. W konsekwencji obserwuje się wzrost bałaganu i entropii, co wskazuje, że w tym procesie interakcji pomiędzy materią a czasem czasoprzestrzennym postępuje.

2. Narodziny par elektronowo-pozytonowych w wyniku oddziaływania fotonu z zewnętrznym polem elektrycznym

Oprócz procesów unicestwiania par cząstka-pół-cząstka, znany jest również odwrotny proces narodzin par elektron - pozyton przez foton. Dzieje się tak, gdy foton jest wystawiony na działanie zewnętrznego pola elektrycznego lub innego fotonu. Proces ten jest dobrze zbadany w Coulombowskim polu jądra atomowego.

Foton wlatujący w to pole oddziałuje (zakłóca) z fotonami (nośnikami energii materialnej tego pola). Rezultatem jest wysokoenergetyczny foton. Jeżeli jego energia jest nie mniejsza niż suma mas spoczynkowych elektronu - pary pozytonowej 1,02 Maeva, to jest ona wydawana na tworzenie się wiązań pomiędzy prostonami i grawitonami i ta para się rodzi. W tym przypadku, wręcz przeciwnie, z mniejszych, niepodzielnych cząstek powstają cząstki strukturalne. W rezultacie układ jest uporządkowany, a entropia maleje, co wskazuje, że w tym eksperymencie, gdy materia wchodzi w interakcję z przestrzenią, czas przesuwa się do tyłu.

Poziom makro jest sferą pobytu wielkich, masywnych makroobiektów, podstawowymi cegłami tych systemów są atomy i molekuły zdolne do gromadzenia się w ogromnym kruszywie - substancje. Cząstki, które je tworzą, znajdują się w ciągłym ruchu i oddziaływaniu. Na tym poziomie interakcja materii i przestrzeni we wszystkich procesach jest w dużej mierze nieodwracalna. Entropia będzie się zwiększać, czas będzie się przesuwać. Ale w niektórych procesach fizycznych obserwuje się również przeciwne zjawiska. Na przykład, brazylijskim fizykom udało się stworzyć je sztucznie. Opracowali oni układ składający się z chloroformu rozpuszczonego w acetonie i za pomocą jądrowego rezonansu magnetycznego stworzyli warunki, w których energia cieplna przepływa z zimnej części układu do ciepłej części układu, w tym eksperymencie czas przesuwa się do tyłu.

Biologiczny przepływ czasu

Jest to szczególna specyficzna interakcja pomiędzy materią a przestrzenią. Dotyczy ona organizmów żywych składających się ze złożonych kompleksów molekularnych. Osobliwością tej interakcji jest jej okresowość. Wszystkie żywe organizmy mają ten sam cykl życia: narodziny, dojrzewanie, starzenie się, śmierć. Następnie w każdym gatunku żywego organizmu powtarza się to ponownie. Jedynymi wyjątkami są tu organizmy jednokomórkowe. Rozmnażają się one poprzez podział komórek i oczywiście mogą również umrzeć w niekorzystnym środowisku. W optymalnych warunkach życia komórka może być zmiażdżona w nieskończoność, dzięki czemu organizmy takie stają się prawie nieśmiertelne. To swoiste oddziaływanie materii i przestrzeni w organizmach żywych ma pewien wpływ na ich funkcjonowanie. Są to systemy zamknięte, ale stale kompensują straty energii. Dlatego oprócz procesów związanych z chaosem i rozkładem po śmierci (entropia), będą one miały także procesy organizacyjne, komplikacje (nie-gantropia). Pomimo takiej osobliwości istnienia organizmów żywych, wzajemne oddziaływanie materii i przestrzeni w nich, a więc i przebieg czasu, jest nieodwracalne. Bo po śmierci, to nie dawny organizm odradza się, ale zmiana pokoleń.

Psychologiczny przepływ czasu

Człowiek jest przedstawicielem organizmów żywych, a w nim zachodzą te same procesy biologiczne, co w nich. Istnieje jednak również istotna różnica. Oprócz czasu biologicznego, ma on również czas psychologiczny. Jest rozsądny i ma inteligencję. Czas psychologiczny obejmuje subiektywną ocenę rzeczywistości świata fizycznego, analizę różnych zdarzeń w życiu, świadomość sensu życia, miarę kreatywności. Czas psychologiczny w życiu człowieka jest również wynikiem interakcji materii i przestrzeni, ale na wyższym poziomie. Mózg ludzki jest rodzajem komputera, który odzwierciedla wszystkie subiektywne odczucia wszystkiego, co go otacza. To w nim kształtują się myśli i uczucia człowieka oraz jego zachowanie. Badania dowiodły, że ludzki mózg wytwarza pewne drobne wahania w zależności od stanu emocjonalnego, w jakim się obecnie znajduje. Wibracje szarej materii mózgowej wynoszą od 2 do 15 Hz. Czas psychologiczny właściwy dla czujących istot. W nim, obok procesów formowania ogólnego obrazu z poszczególnych detali (nie-gantropia), następuje również jego destrukcja (entropia). Dlatego też czas psychologiczny, jak i czas biologiczny, jest nieodwracalny.

1.5 Tworzenie się pierwiastków chemicznych

Obecnie powszechnie uważa się, że wszystkie pierwiastki chemiczne oprócz wodoru powstają w jelitach gwiazd. Wszystkie pierwiastki układu okresowego Mendelejewa do żelaza powstają w głębi gwiazd typu Słońce w procesie syntezy termonuklearnej. Cięższe pierwiastki, od żelaza do uranu, powstają w wyniku upadku gwiazd o dużej masie. Jednocześnie mechanizm powstawania jest reprezentowany głównie jako powolne (s) i szybkie wychwytywanie (r) przez wolne jądro neutronowe. Wychwytywanie wolnych neutronów ma miejsce, gdy osiągają one prędkości, przy których istnieje znacząca część prawdopodobieństwa, że neutron zbliży się do jądra na odpowiednią odległość. Poprzez absorpcję dodatkowego neutronu, rdzeń staje się niestabilny. Jeden z neutronów rozpada się na proton i elektron, który ulatuje z jądra, jądro zwiększa swój ładunek i staje się jądrem nowego cięższego pierwiastka. W tym przypadku atom musi znajdować się w pozycji głównej, to znaczy wszystkie warstwy energetyczne w jego jądrze muszą być wypełnione nukleonami w określonej kolejności. A w chmurze elektronicznej również w pewnej kolejności wszystkie jej orbity powinny być wypełnione elektronami. W tym wariancie prawdopodobieństwo tworzenia się pierwiastków chemicznych w ujęciu ilościowym powinno się nieznacznie różnić w przypadku wszystkich pierwiastków aż do żelaza, ale w rzeczywistości jest ono dalekie od tego. Analiza chemiczna składu planet, ich satelitów, komet, asteroid zamieszkujących układ słoneczny pokazuje, że są one zdominowane przez O, N, Si, S, Ca, K, Fe. Udział innych elementów jest kilka razy mniejszy. A dla uformowania całej ich masy, liczba ultra precyzyjnych "fuzji" i "dżemów" powinna wynosić 1033 w 1 sekundę, co jest bardzo, bardzo problematyczne. Dlatego też, wraz z tymi metodami, istnieją inne, bardziej skuteczne sposoby...

.

W ten sposób, zdaniem autora, mogą powstawać pierwiastki chemiczne w wyniku oddziaływania materii i przestrzeni. Jego istota jest następująca.

Wraz ze wzrostem kompresji grawitacyjnej w jelitach gwiazd wzrasta stopień deformacji (skurczu) włókien energetycznych wewnątrz przestrzeni gwiazdy. I jak tylko przekroczy to stopień deformacji wątków mocy w przestrzeni wewnątrzatomowej atomu wodoru, elektrony i protony atomów wodoru stają się wolne. Wraz z dalszym wzrostem stopnia kompresji włókien energetycznych przestrzeni, protony absorbują elektrony i zamieniają się w neutrony. Protony są łączone z neutronami i powstają deuterony. Dwa deuterony łączą się, tworząc pierwszą warstwę energetyczną jąder pierwiastków chemicznych (jądro helu) z uwolnieniem energii jądrowej.

Tak więc hel jest pierwszym pierwiastkiem utworzonym z jądra wodoru w jelitach gwiazd. Zgodnie ze wspólną klasyfikacją.
elektroniczna struktura atomów elektroniczna konfiguracja atomu helu oznaczona jest jako 1s2. Atom helu w stanie normalnym jest jądrem składającym się z dwóch protonów i dwóch neutronów, które tworzą
pierwsza warstwa jądrowa (α − слой) wszystkich pierwiastków chemicznych PSE (Rys.3), wokół której poruszają się dwa elektrony o spinach antyrównoległych. Oba elektrony znajdują się na orbicie 1s o najniższej energii, której powierzchnia graniczna jest symetrycznie sferyczna. Wewnątrz tej powierzchni siły ściskania są równoważone przez siły ekspansji na powierzchni granicznej, gdzie elektroniczna gęstość osiąga swoją maksymalną wartość, więc stopień deformacji (ściskania) gwintu siłowego przestrzeni do powierzchni granicznej jest wysoki i jednorodny, a za nim (tj. wokół efektywnego promienia atomu) jest bardzo mały, co powoduje, że chemiczne wiązanie helu z innymi elementami jest trudno dostępne. Na przykład, dla atomu helu promocja elektronu z orbity 1s na orbitę 2s wymaga zużycia energii 1672 kJ/mol, co nie jest odnotowywane w konwencjonalnych reakcjach, więc hel nie tworzy związków valence-chemicznych.

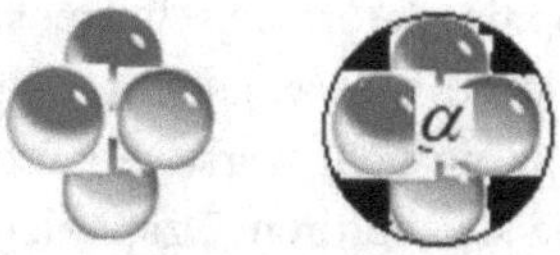

Rys. 3 Schemat jądra helu

n eutron protonowy

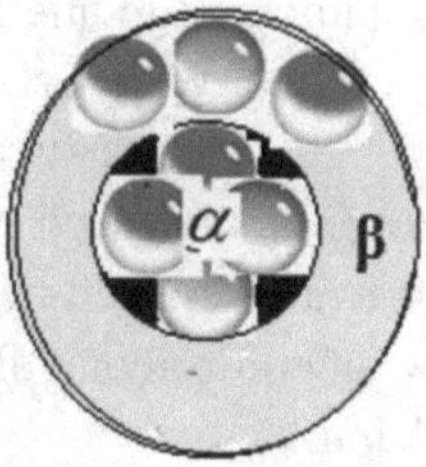

Rys. 4 Schemat jądra litu

α pierwsza warstwa rdzeniowa β - druga warstwa rdzeniowa

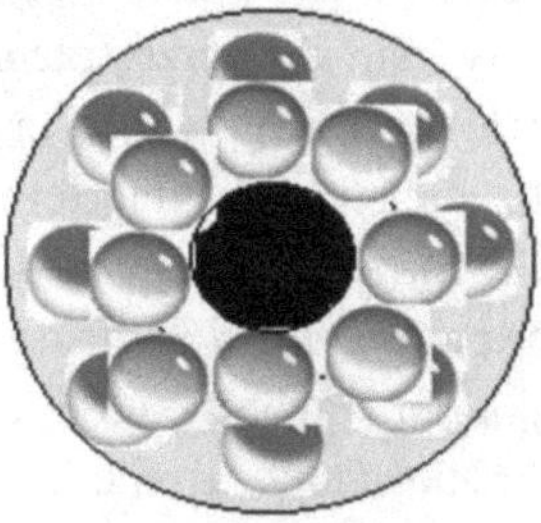

Rys. 5 Schemat rdzenia neonowego

pierwsza warstwa rdzeniow a druga warstwa rdzeniowa

Atom helu kończy się w okresie PSE I. Pierwsza warstwa elektroniczna (warstwa K) najbliżej rdzenia została w pełni uformowana. Ta sama warstwa jest obecna w atomach wszystkich pozostałych elementów PGE.

Wraz ze wzrostem stopnia deformacji kosmosu w jelitach gwiazdy, trzeci deuteron i wolny neutron łączą się z jądrem helu składającym się z dwóch deuteronów. Tworzą one drugą po helu warstwę jądrową wszystkich pierwiastków, przy czym wolny neutron staje się "buforem", zapobiegając łączeniu się tych warstw. Jest to rdzeń litu pierwszego pierwiastka chemicznego z drugiego okresu PSE (Rys.4). Dołączając do jądra helu, deuteron zmienia konfigurację swojej elektronicznej chmury. Lit jest pierwszym elementem, z którego tworzona jest druga warstwa elektroniczna (warstwa L, n=2). Jego trzeci elektron nie może pozostać na orbicie 1s, ponieważ dwa elektrony już tam są. Zgodnie z zakazem Pauliego, tylko dwa elektrony mogą pozostać na jednej orbicie. Więc trzeci elektron wypełnia orbitę 2s. Ma wyższy poziom energii. L - warstwa, to zewnętrzna warstwa elektroniczna, atom litu. Niewielki stopień deformacji wątków mocy przestrzeni zewnętrznej warstwy elektronicznej i obecność małych na wydajność ładunku jądra, sprawiają, że zewnętrzny lit elektronów łatwo dostępne dla tworzenia kowalencyjne chemiczne wiązanie z innymi pierwiastkami.

Beryl (Be) powstaje przez połączenie innego deuteronu z jądrem litu w drugiej warstwie energetycznej. Jego elektroniczny wzór 1s2 2s2 , każdy deuteron ma deformujący wpływ na określoną liczbę włókien energetycznych w przestrzeni, więc połączony deuteron zwiększa objętość wewnątrz przestrzeni atomowej w zewnętrznej warstwie elektronów i zwiększa stopień deformacji włókien energetycznych w zewnętrznej warstwie elektronów. Odkształcone przez nią gwinty siłowe (ściśnięte) częściowo nakładają się na gwinty siłowe przestrzeni odkształconej przez poprzedni deuteron. Ponieważ włókna energetyczne przestrzeni składają się z rozpórek, które reprezentują cząstkę falistą, ich interferencja występuje w przypadku nałożenia się. Tam, gdzie fazy fal zbiegają się, zwiększa się stopień deformacji włókien energetycznych przestrzeni i zwiększa prawdopodobieństwo przebywania elektronów razem z nią, a tam, gdzie fazy fal nie pokrywają się, a więc prawdopodobieństwo przebywania elektronów zmniejsza się, dlatego chmura elektronów atomu

Beryl polega na zagęszczaniu i przerzedzaniu. Podobnie jak lit, beryl jest pierwiastkiem chemicznie aktywnym, choć nieco gorszym od niego.

Bor jest piątym elementem systemu okresowego. Elektroniczna struktura boru 1s2 2s2 2p1 . Druga warstwa rdzeniowa jądra boru, która tworzy konfigurację chmury elektronowej atomu boru trzech deuteronów. Pod względem aktywności chemicznej bor jest tak samo aktywny jak beryl. Deformacje wątków mocy przestrzeni w jej zewnętrznej warstwie elektronicznej mają orientację przestrzenną. Ze względu na kainosymetrię atomu boru, jego elektrony walencyjne są mniej ekranowane przed ładunkiem jądra, jego potencjał jonizacyjny wynosi 8,3 eV, a

WEEE-2,0, sam atom ma małe wymiary. Wszystko to decyduje o niemetalicznej naturze boru.

Węglowy pierwszy element grupy IV układu okresowego. Tworzy się w jelitach gwiazd poprzez syntezę trzech jąder helu z uwolnieniem energii w wysokości 0,80% energii spoczynkowej. Druga warstwa jądrowa składa się z 4 deuteronów Przyłączających czwarty deuteron poprzez kompresję włókien energetycznych wewnątrz warstwy atomowej.
przestrzeń, rozszerza orientację przestrzenną zewnętrznej chmury elektronicznej (orbita 2p), a tym samym zwiększa jej zdolność do krzyżowania się z chmurami elektronicznymi z innymi elementami. Określa to właściwości chemiczne atomu węgla. Tak więc, elektron równoważąc siły ściskania czwartego deuteronu wypełnia orbitę 2p i czyni z węgla pierwiastek dwuwartościowy, ale przestrzenna orientacja zewnętrznej warstwy elektronów wzbudzonej przez atom pozwala na promowanie jednego ze sparowanych elektronów z orbity 2s na orbitę 2p, co czyni go czterowartościowym.

Azot jest pierwszym elementem V-grupy PSE. W drugiej atomowej warstwie azotu 5 deuteronów Nowy (piąty) deuteron ściska włókna energetyczne przestrzeni w zewnętrznej warstwie elektronów, a przyciągany przez niego elektron wypełnia orbitę 2p i tym samym nadal rozszerza swoją orientację przestrzenną, czyli tworzy swoje właściwości chemiczne. Przestrzenna orientacja orbit walencyjnych 2p w połączeniu z dużym stopniem deformacji wątków mocy w przestrzeni zewnętrznej warstwy elektronicznej sprawia, że azot jest jednym z najbardziej aktywnych pierwiastków chemicznych.

Tlen jest ósmym elementem PSE, a grupa VI zaczyna się od niego. Podobnie jak węgiel, powstaje on w jelitach gwiazd w wyniku fuzji dwóch jąder węgla. Wzór elektroniczny tlenu 1s2 2s2 2p4 Druga jądrowa warstwa tlenu składa się z sześciu deuteronów Szósty (nowy) deuteron ściska włókna energetyczne przestrzeni w zewnętrznej warstwie elektronicznej. Przyci±gnięty przez niego elektron nie może wypełnić wolnej, nowej orbity 3d, ponieważ nie jest dostępny do deformacji w±tków energetycznych drugiej energetycznej warstwy deuteronów j±drowych, więc nowy elektron wypełnia orbitę 2p elektronem tam umieszczonym. Wysoki stopień deformacji wątków mocy w przestrzeni warstwy zewnętrznej elektroniki wraz z orientacją przestrzenną orbit walencyjnych powoduje, że tlen jest jednym z najbardziej agresywnych pierwiastków chemicznych. W aktywności chemicznej, tlen ustępuje jedynie fluorowi. Tlen jest najbardziej rozpowszechnionym pierwiastkiem na Ziemi i tworzy ogromną liczbę związków z innymi pierwiastkami.

Ftor przewodzi VII grupie elementów PSE. Jego wzór elektroniczny wynosi 1s2 2s2 2p5. Ma siedem deuteronów w swojej drugiej warstwie nuklearnej. Fluor jest dość powszechnym pierwiastkiem w przyrodzie. Wysoki stopień deformacji (ściskania) gwintów siły kosmicznej oraz najwyższy wskaźnik WEEE (4,0) sprawiają, że fluor jest najbardziej aktywnym chemicznie elementem układu okresowego.

Neon kończy okres PSE II, a druga warstwa jądrowa zostaje wypełniona deuteronami (Rys. 5). Tworzy się ona w jelitach gwiazd poprzez połączenie dwóch jąder tlenu. Elektroniczna formuła neonu 1s2 2s2 2p6. Atom neonu nie ma wolnych (walencyjnych) elektronów. Ósmy elektron ze spinem antyparalelowym, przyciągany przez ósmy deuteron drugiej warstwy energetycznej jądra, wypełnia orbitę 2p, w której znajduje się elektron, więc wszystkie elektrony w atomie neonu są sparowane. Ponieważ nie ma wolnych orbit w zewnętrznej warstwie elektronów, nie jest możliwe promowanie jednego ze sparowanych elektronów. Przestrzenna orientacja deformacji (skurczu) wątków energetycznych przestrzeni zewnętrznej warstwy elektronów atomu neonu, dokonywanej przez ósmy deuteron, zamyka się z pierwszym deuteonem i traci swój kierunek. W tym przypadku stopień deformacji nici siły wokół przestrzeni atomowej staje się taki sam, więc atom neonu jest chemicznie obojętny.

Z jądra sodowego, podążając za pierwiastkiem neonowym, rozpoczyna się tworzenie trzeciej warstwy jądrowej pierwiastków chemicznych PSE. Podobnie jak druga warstwa jądrowa, składa się ona z ośmiu deuteronów, a każde kolejne przystąpienie nowego deuteronu oznacza bardziej masywny kolejny element trzeciego okresu EIT. Trzecia warstwa jądrowa zawiera następujące pierwiastki chemiczne: Na, Mg, Al, Si, P, S, C l, Ar. Kończy się tworzenie trzeciej warstwy jądrowej w jądrze argonu, a wraz z nią pierwiastków chemicznych z trzeciego okresu PSE. Ze względu na te same warunki co neon, argon jest gazem obojętnym.

Dalszy wzrost deformacji (kurczenia się) wątków energetycznych przestrzeni wewnątrz gwiazd prowadzi do powstania czwartej i piątej warstwy jądrowej, a wraz z nią pierwiastków chemicznych z czwartego i piątego okresu PSE. Każdy z nich zawiera 18 deuteronów, a także tworzy krypton i ksenonowe jądra gazów obojętnych.

Szósta warstwa jądrowa zawiera 32 deuterony. Tutaj, podobnie jak w poprzednich okresach, sekwencyjne łączenie, które odbywa się w wyniku zwiększonego ściskania nici siły kosmicznej, kończy się pojawieniem się nowego pierwiastka chemicznego, ale w przeciwieństwie do nich, gdzie wszystkie pierwiastki chemiczne są głównie (normalne), tutaj wszystkie pierwiastki od polonu do radonu są radioaktywne. Ostatnim stabilnym elementem w szóstym okresie jest bizmut. Jego wzór elektroniczny (Xe) 4f14 5d10 6s2 6p3, w jądrze jest 29 deuteronów. Daytrony ściskają włókna energetyczne przestrzeni w zewnętrznej warstwie P-elektronicznej, a ciągnięty elektron zostaje umieszczony na orbicie 6p. Na tych orbitach bizmut ma trzy wolne elektrony, więc jego walencja formalna wynosi 3. Inne następujące po nim pierwiastki chemiczne polonu (Po), astat (At) i radon (Rn) są już radioaktywne.

Dalszy wzrost grawitacyjnego ściskania wątków siły kosmicznej wewnątrz gwiazdy załamania prowadzi do powstania jąder pierwiastków chemicznych zawierających siedem warstw jądrowych. Wszystkie są radioaktywne. Uran jest ostatnim radioaktywnym pierwiastkiem PSE występującym naturalnie w przyrodzie. Wszystkie inne elementy radioaktywne PSE sztucznego pochodzenia. Wzór elektroniczny uranu (Rn) 7s2 6d1 5f3, siódme τ – слой jądro składa się z 6 deuteronów.

Wniosek

Energia istnieje w dwóch hipostazach: energii materii i energii przestrzeni. Przed Wielkim Wybuchem istniały osobno, a w wyniku eksplozji połączyły się. Z energii kosmicznej powstała ujemnie naładowana "sieć" światowa, składająca się z wątków energetycznych przestrzeni. Energia materii została przekształcona w substancję (substancje). Materia i antymateria w momencie narodzin wszechświata powstały w równych ilościach. Asymetria materii we Wszechświecie jest obecnie spowodowana tym, że materia i antymateria nie istnieją osobno, lecz współistnieją razem, Gwiazdy powstają z chmur pyłu i gazu w wyniku zwiększenia stopnia ściśnięcia wewnątrz nich wymuszają powstawanie wątków przestrzeni. Tworzenie się gwiazd może rozpocząć się od fal uderzeniowych powstałych w wyniku eksplozji nowych i supernowych gwiazd, zderzeń gwiazd neutronowych i czarnych dziur. Fale te mogą zwielokrotniać stopień ściskania pasm siły kosmicznej w chmurach kosmicznych, a tym samym powodować narodziny nowych gwiazd. Próżnia fizyczna to ogólnoświatowa sieć wątków energetycznych przestrzeni. Zawiera on ogromną ilość wolnych grawitonów i przestrzeni, które nieustannie oddziałują na siebie. W wyniku tych oddziaływań powstają wirtualne cząstki, które w pewnych warunkach mogą przekształcić się w cząstki elementarne. Energia materii i energia przestrzeni są wzajemnie wymienne. Dzięki tym przekształceniom możliwe jest przeniesienie jednego rodzaju energii na inny rodzaj energii... Na przykład, fotosynteza przekształca energię światła w energię chemiczną, energia wodna przekształca energię mechaniczną w elektryczną, a w silniku spalinowym, energia cieplna przekształca się w energię mechaniczną. Czas jest formą interakcji pomiędzy materią

a przestrzenią. Im wolniej zachodzi ta interakcja, tym szybciej płynie czas i na odwrót. Pierwiastki chemiczne tworzą się w jelitach gwiazd w wyniku zwiększenia stopnia ich ściskania w nich mocy
nici przestrzeni

Rozdział 2 Grawitacja

Jednym z najbardziej tajemniczych zjawisk przyrodniczych, na które od wielu wieków zwracają uwagę naukowcy na całym świecie, jest własność ciał materialnych, które przyciągają się nawzajem. Żadne inne zjawisko nie stworzyło tak wielu teorii, nie napisano o nim żadnych traktatów naukowych, jak o grawitacji. Grawitacja jest podstawą praw fizycznych, procesów i zjawisk. **Obecnie** ogólna teoria względności Einsteina jest uważana za podstawową teorię grawitacji, ale w związku z najnowszymi osiągnięciami w naukach fizycznych, niektórzy fizycy uważają, że teoria ta wymaga modyfikacji i pracują nad jej udoskonaleniem. Inna część fizyków, przeciwnie, uważa, że UTO jest nadmiernie skomplikowany, jego wnioski są potwierdzone tylko w wąskich obszarach fizyki, ma wiele sprzeczności logicznych, więc rozwijają teorię grawitacji na zupełnie nowej podstawie. Praca nad stworzeniem teorii grawitacji była i jest bardzo intensywna. Tak więc, na przykład, w przeciwieństwie do Einsteina, Logunow uważa, że grawitacja jest silnym polem sił fizycznych, a nie geometryczną krzywizną przestrzeni.

Wielu fizyków rozwija swoje teorie, próbując połączyć ogólną teorię względności z teorią kwantową. Teoria kwantowa dobrze opisuje świat cząstek subatomowych, a UTO jest grawitacyjną teorią skal kosmologicznych i ruchów przy prędkościach sublightu. Należy jednak zauważyć, że mimo wszystkich wysiłków fizyków, teoretycy nie stworzyli jeszcze kompleksowej teorii grawitacji.

Proponowana książka jest próbą udzielenia pewnej odpowiedzi na jeden z podstawowych problemów fizyki, jakim jest istota grawitacji. Spójrzmy na następujące przykłady.

2.1 Wzajemne oddziaływanie grawitacyjne ciał materialnych

W ramach modelowanego układu grawitacja jest rozpatrywana jako wynik ściskania wątków energetycznych przestrzeni wokół korpusu materiału pod wpływem jego masy. Oddziaływanie grawitacyjne ciał materialnych oddalonych od siebie w znacznej odległości jest następujące. Weźmy to za przykład tandemu Sun-Earth. Odległość między nimi wynosi 1,6 x ^{108} km. Masa Słońca jest 330 tys. razy większa od masy Ziemi, więc ściska ona pasma sił otaczającej przestrzeni w większym stopniu i w większej odległości niż Ziemia. Jednak stopień ściśnięcia wątków energetycznych kosmosu przez Słońce dominuje nad stopniem ściśnięcia Ziemi, a nie w ogóle nad odległością między nimi. W odległości 1 miliona kilometrów ich stopień ściśnięcia przez Słońce i Ziemię staje się równy. Wtedy

Ziemia kompresuje je w większym stopniu. Ale wewnątrz świata, będzie inny obraz. Tutaj również Słońce będzie ściskać gwinty siłowe przestrzeni, a powstałe siły będą działać w kierunku większej kompresji, czyli w kierunku Słońca. Masa Ziemi będzie również ściskać przenikające ją gwinty siłowe kosmosu, ale siły ściskania nie będą działać jednakowo w różnych kierunkach. Po stronie Ziemi zwróconej w stronę Słońca, działanie ziemskich sił ściskających (F2) będzie przeciwstawne do działania słonecznych sił ściskających (F1). Na jego odwrotnej stronie, kierunek działania obu sił ściskających będzie taki sam (Rys. 6). Dlatego też efekt powstałych sił ściskających na stronie Ziemi zwróconej w kierunku Słońca w centrum Ziemi będzie znacznie słabszy niż na stronie odwrotnej. Całkowity efekt końcowy wszystkich sił (F3) będzie skierowany w stronę Słońca. Pod wpływem tej siły Ziemia "spada" na Słońce, ale z powodu swojej prędkości poprzecznej porusza się na eliptycznej orbicie, wykonując obroty wokół Słońca. Ziemia ściska również wątki siłowe przestrzeni wewnątrz Słońca, ale stopień ściśnięcia będzie znikomy w porównaniu ze ściskaniem Słońca, więc nie może mieć zauważalnego wpływu grawitacyjnego na Słońce.

Z powyższego można wyciągnąć następujące wnioski. Grawitacja jest wynikiem oddziaływania masy ciała z otaczającymi ją nitkami siłowymi przestrzeni. Nie pojawia się ani nie znika, ale jest stałym atrybutem masy. Sugeruje to, że masa spełnia funkcje dodatniego ładunku grawitacyjnego, a przewody zasilające w przestrzeni odpowiednio spełniają funkcje ujemnego ładunku grawitacyjnego. Współdziałanie tych ładunków jest podstawą grawitacji ciał materialnych.

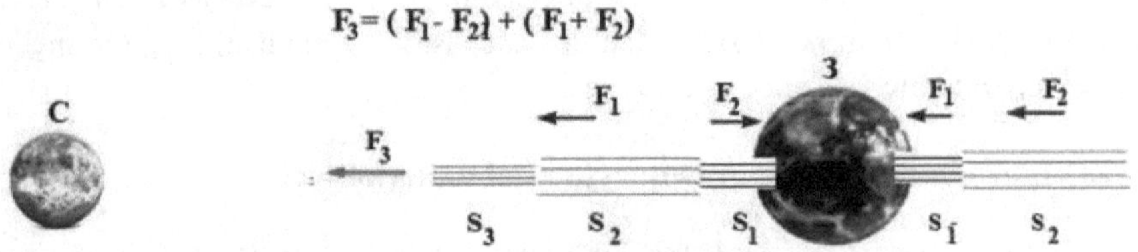

Rys.6 Oddziaływanie grawitacyjne Ziemi i Słońca. S - stopień ściśnięcia gwintu siły kosmicznej F - siła wynikająca ze ściskania.

2.2 Wydajność grawitacyjna korpusów materiałowych

Zgodnie z podstawowymi zasadami symulowanego systemu, wszystkie ciała materialne mają sprawność grawitacyjną. Termin ten oznacza pewną liczbę wątków siłowych przestrzeni zawartych w danym materialnym korpusie, których stopień ściśnięcia jest bezpośrednio związany z masą tego korpusu.

Jak wiadomo, każde ciało materialne może być ściśnięte do takiej objętości, której powierzchnia nie może pozostawić nawet fotonu promieniowania elektromagnetycznego. Promień tak duży nazywany jest grawitacyjnym. Wszystkie ciała materialne w takim stanie fizycznym mają jeden centymetr sześcienny swojej substancji zawierający taką samą ilość nitek sił o tym samym stopniu ściśnięcia S0. Przy zwykłych promieniach korpusów materiałowych ilość gwintów mocy w jednym centymetrze sześciennym przy nich jest różna. 1 centymetr sześcienny kuli o promieniu grawitacyjnym jest w stanie wywierać skuteczny wpływ grawitacyjny na ciała materialne w odległości Kg, a cała kula odpowiednio na Rg

$Kg = \frac{1}{S_0}$ gdzie S0 = 10-31cm

Rg = Vg Kg gdzie Vg -- Objętość kuli o promieniu grawitacyjnym .

Tabela 1 pokazuje granice efektywnego oddziaływania grawitacyjnego różnych ciał materialnych na inne ciała. Dane z tabeli świadczą o tym, że nasza jasność jest w stanie przyciągać i utrzymywać ciała materialne w odległości większej niż 2400 j.w., Jowisza w odległości 10,4 j.w., Saturna, 3emlya, Wenus, Marsa odpowiednio w odległości 0,69, 0,007, 0,006, 0,002 j.w. Oddziaływanie grawitacyjne ciał materialnych w strefie grawitacji efektywnej jest przeprowadzane w następujący sposób. Kiedy jeden materiał wchodzi w strefę grawitacji efektywnej innego ciała, stopnie ściskania wątków sił przestrzeni nakładają się na siebie. Ich wektory stopnia kompresji podczas nakładania się na siebie, ponieważ są zawsze skierowane w przeciwnych kierunkach, są odejmowane od siebie, a ich wypadkowa będzie działać w kierunku ciała, które ma większy promień efektywnej grawitacji. Przyjrzyjmy się przykładowi oddziaływania grawitacyjnego planet układu słonecznego przy braku pola grawitacyjnego Słońca, gdy jego miejsce zajmie Jowisz, najbardziej masywna planeta układu słonecznego W tym przypadku Jowisz będzie przyciągał i utrzymywał wszystkie cztery planety jako satelity (Rys. 2). 7), ponieważ jego promień grawitacji efektywnej wynosi 1,6109 km, a dla Wenus, Ziemi, Marsa i Saturna będzie wynosił odpowiednio 8,7 ^{105}, 1,1 ^{106,} 2,6105, 1,1 ^{108} km (tabela 1). Maksymalna odległość od Jowisza do Wenus, Ziemi, Marsa i Saturna wynosi 6.3108, 5.9 ^{108}, 5.3 10 ^{8}, 6.1 ^{108} km, więc wszystkie cztery planety staną się jego satelitami.

. Tabela 1

Odczyty zdrada	Edium. .	Wenus	Ziemia	Jupiter	Mars	Saturn	Słońce	-

Masa g $4,9^{1027}$ 6^{1027} $^{1},9$ 1030 6, 7 1025 $5,8^{1029}$ 2 1033

Promień cm $6,1^{108}$ $^{6},4^{108}$ 7^{109} $3,4^{108}$ $^{5},8^{109}$ 7^{1010}

Promień
grawitacyjny cm 0,7100 0, 89^{100} $2,8^{102\,0}$, $1^{100\,0}$ $,9^{102}$ 3105

Pojemność kuli o promieniu
grawitacyjnym cm3 $1,56^{-2}$,95 $7,29^{1013}$ 4 10-2 $2,6^{106\,1}$,1^{1017}

Stopień ściśnięcia
gwintów energetycznych
przestrzeni na
powierzchni obiektu patrz 8.5 10--24 7 10-24 2.5^{10-25} 3.4 10-23 6.7 10-25 2.310-27

Granice
grawitacja efektywna km $8,7^{105}$ **$1,08^{106}$** $^{1},57^{109}$ $2,56^{105\,1}$ $,04^{108}$ **$3,6^{1011}$**
a .e. $5,8^{10--3}$ $7,2^{10--3\,1}$,04^{101} 1,7 10-3 $6,9^{10--1}$ $2,4^{103}$

,

Najwyższy stopień sprawności grawitacyjnej ciał materialnych znajduje się na ich powierzchni, w oddziaływaniach grawitacyjnych ciał materialnych, ich pola grawitacyjno-przestrzenne nakładają się na siebie. Jeśli w ten sposób stopień ściskania wątków sił przestrzeni na powierzchni jednego ciała materialnego pojawi się poniżej takiego w polu grawitacyjno-przestrzennym tworzonym przez inne ciało materialne, to wokół pierwszego ciała materialnego nastąpi grawitacyjne uchwycenie pierwszego ciała przez drugie. Rozważmy to na przykładach zderzenia komety Szewca - Lewiego z Jowiszem i upadku meteorytu czelabińskiego na Ziemię (tabela 2).

Stopień ściśnięcia wątków energetycznych przestrzeni na powierzchni Jowisza wynosi 2, 5^{10-25} cm, a na powierzchni komety, na podstawie jej wielkości i masy określonej przez astronomów, wynosi 0,210-15 cm. Obliczenia pokazują, że stopnie sprawności grawitacyjnej na powierzchni komety i w polu grawitacyjnym Jowisza będą równe (Rys.8), jeśli kometa zbliży się do niej w odległości 198 tys. kilometrów. W tym przypadku dojdzie do grawitacyjnego ujęcia komety przez Jowisza. Na początku stanie się on jego towarzyszem i będzie orbitował wokół niego na otwartej orbicie, stopniowo się do niego zbliżając. W tym przypadku wzrośnie różnica w stopniach ściskania wątków energetycznych przestrzeni na korzyść pola grawitacyjno-przestrzennego

Jowisza, a wewnątrz komety pojawią się siły pływowe, które rozerwą ją na strzępy po osiągnięciu wartości krytycznych. Zostało to zaobserwowane przez naukowców 7 lipca 1992 roku. ,

. Jeśli chodzi o opadanie meteorytu czelabińskiego na Ziemię, to obserwuje się następujący obraz. Stopień ściśnięcia nici energetycznych przestrzeni na powierzchni Ziemi wynosi 7,2 10-24 cm, a na powierzchni meteorytu, na podstawie jego wielkości i masy wynosi 1,1410-13 cm. Grawitacyjne przechwycenie ziemskiego meteorytu miało miejsce na dystansie 35 tysięcy kilometrów...

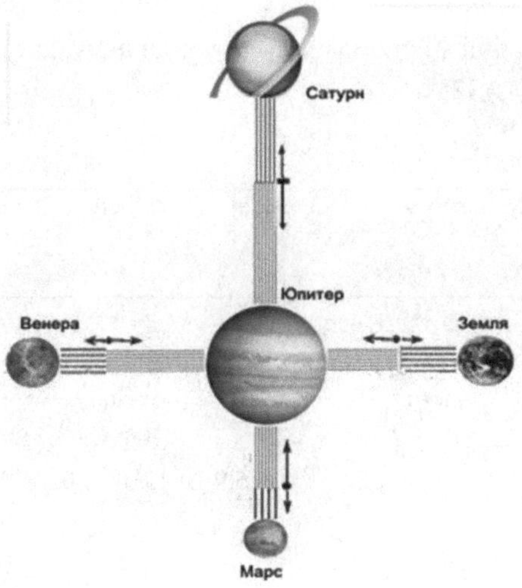

Rys.7 Oddziaływania grawitacyjne pomiędzy planetami układu słonecznego przy braku przyciągania promieniowania słonecznego.

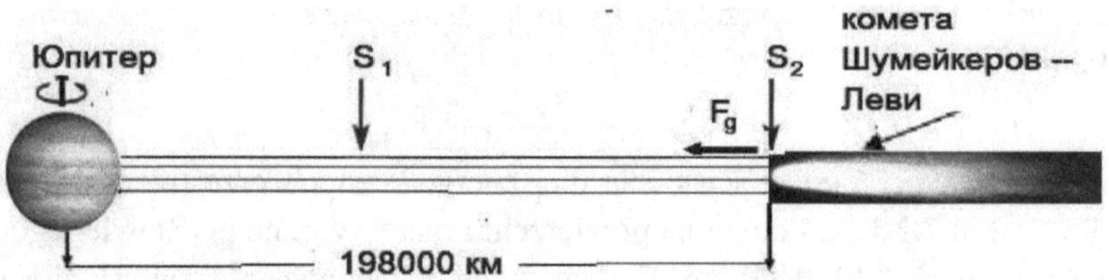

Rys.8 Jowiszowe ujęcie grawitacyjne komety Shoemaker - Levi.

S1 jest stopniem ściśnięcia linii sił przestrzennych w polu grawitacyjnym Jowisza, **S2** jest na powierzchni komety. **S1 >S2**

Tabela 2

Wskaźniki Edi nos	.	M	eteoryt	ziemskiej	komety	Jowisza	- -

Masa g 1,9 1030 4 ^{1014} 6 1027 ^{1010}

Promień cm 7 $^{109\ 105}$ 6,4 ^{108} 1,7 ^{103}

P

romień grawitacji 2,8 ^{102} 5,9 10-13 0,89 ^{100} 1,48 $^{10\text{--}14}$

Stopień ściśnięcia

linii energetycznych

przestrzeni na

powierzchni obiektu patrz 2.5 $^{10\text{-}25}$ 0.2 10-15 7.2 10-24 1.14 10-13

Grawitacyjne ujęcie

komety przez Jowisza, km 1,98 ^{105}

meteoryt Ziemia km 3,5 ^{103}

2.3 Fale grawitacyjne

Jedną z najcenniejszych zalet Einsteina jest przewidywanie fal grawitacyjnych. Einstein wierzył, że każde przyspieszone ciało materialne może powodować fale grawitacyjne. Fale te są falami przestrzeni rozchodzącymi się w czasie z prędkością światła, ale ich amplituda jest bardzo mała, ponieważ są one generowane przez bardzo słabe oddziaływania grawitacyjne,

Od dziesięcioleci wielu naukowców na świecie próbuje eksperymentalnie potwierdzić tę prognozę. Pierwsze pośrednie dowody na istnienie fal grawitacyjnych uzyskali w 1974 roku Russell Hals i Joseph Taylor. Zaobserwowali oni ścisły układ dwóch gwiazd neutronowych i stwierdzili, że gdy się obracały wokół siebie, ich orbity zmniejszały się i zmniejszał się okres rotacji. W ten sposób skrócenie okresu obiegu z czasem nastąpiło w ścisłej zgodzie z obliczeniami dotyczącymi ogólnej teorii względności. Niezwykłe zachowanie się gwiazd neutronowych, zarejestrowane przez naukowców, dało im prawo wierzyć, że zjawisko to wynika z faktu, że gwiazdy tracą energię, którą wydają na promieniowanie fal grawitacyjnych. Eksperymentalnie możliwe było jedynie potwierdzenie rzeczywistego istnienia fal grawitacyjnych jesienią 2015 roku. Po wykryciu ich na zaawansowanych detektorach LIGO, najpierw w Livingstone i 7 milisekund później w Hanford, zostały one zarejestrowane jako bezpośredni dowód przepowiedni Einsteina. Fale grawitacyjne wykryte na detektorach LIGO zostały wygenerowane podczas zderzenia dwóch dużych czarnych dziur o masie 29 i 36 razy większej od masy Słońca, które miało miejsce ponad 1,3 mld lat temu,

Przestrzeń Wszechświata w symulowanym układzie jest ujemnie naładowaną "siecią" wątków energetycznych przestrzeni, równomiernie obciążonych we wszystkich kierunkach przez siły odpychania tych samych ładunków. Galaktyki, gwiazdy, planety, ich satelity i inne ciała materialne, które zasiedlają wszechświat, są grawitonami. W progresywnym ruchu tych obiektów kosmicznych, grawitony, które je tworzą, poruszają się również progresywnie w włóknach energetycznych przestrzeni, ściskając je (deformując), zakrzywiając przestrzeń. Fotony promieniowania elektromagnetycznego gwiazd, które jest ruchomą masą, są przenoszone przez energetyczne włókna przestrzeni. W ten sposób ściskają je w kierunku ruchu i rozszerzają w przeciwnym kierunku.

Obecnie we Wszechświecie znajdują się miliardy gwiazd, z głębi których ogromna ilość wolnej energii materii jest emitowana we wszystkich kierunkach w otaczającą je przestrzeń. Przy przenoszeniu fotonów wszelkiego rodzaju promieniowania tej energii przez gwinty siłowe przestrzeni następuje jej wzajemne przejście w energię przestrzeni, któremu towarzyszy okresowe ściskanie i rozszerzanie się tej ostatniej, czyli zmiana odległości pomiędzy dwoma sąsiadującymi ze sobą gwintami siłowymi przestrzeni, w wyniku czego przestrzeń Wszechświata wykonuje ruchy oscylacyjne. Dlatego też termin fala grawitacyjna nie jest tu postrzegana jako falowanie przestrzeni czasowej Einsteina, ale jako dodatkowa zmiana odległości pomiędzy dwoma sąsiadującymi liniami energetycznymi przestrzeni, rozprzestrzeniająca się w czasie z prędkością światła. Jednak zmiany te mogą przejawiać się tylko wtedy, gdy prędkość elementów systemu grawitacyjnego jest zmienna, a nie stała.

Fala grawitacyjna, jak każda fala, ten ruch i jego ruch wymaga pewnej ilości energii, aby znacząco zmienić odległość pomiędzy liniami energetycznymi i utrwalić ją w znacznej odległości od źródła tych fal, konieczne jest, aby źródło to emitowało ogromną ilość energii materialnej. Idealne do tego są fuzje gwiazd neutronowych lub czarnych dziur. Na przykład, według badaczy, zarejestrowane fale grawitacyjne na detektorach LIGO pojawiły się przy zderzeniu czarnych dziur, przy dziesiątej sekundy fuzji, energia promieniowania była równoważna 3 masom słonecznym. Eksplozja tak ogromnej mocy wytworzyła tak potężną falę grawitacyjną, że mogła ona zostać wykryta przez ziemskich badaczy w odległości 1.3 miliarda lat świetlnych od źródła ich pochodzenia.

Energia emitowana w wyniku zderzenia masywnych ciał powoduje zmiany w odległości między liniami energetycznymi przestrzeni. To falowe echo wielkiej eksplozji rozprzestrzenia się po świecie "siatką" od linii energetycznych przestrzeni do wszystkich stron źródła eksplozji. Amplituda fal grawitacyjnych osłabia się wraz z odległością. Jeśli więc wzrost stopnia ściśnięcia (zakrzywienia) przestrzeni w pobliżu źródła eksplozji wyniesie około 0.1, wówczas kiedy skok z odległej galaktyki dotrze do Ziemi, oscylacje te będą wynosiły około 10-22 cm.

Wniosek

Materialne ciała mają właściwości grawitacji. Podstawą tej właściwości jest ich zdolność do ściskania wątków siłowych przestrzeni wokół nich. Stopień ściskania i zakres tego ściskania jest określany przez masę korpusów z materiału. Maksymalna odległość, przy której ciało materialne może mieć dominujący wpływ grawitacyjny na inne ciało, nazywana jest efektywnością grawitacyjną tego ciała. Przyspieszony ruch ciał materialnych powoduje wahania (zmiany) odległości między liniami energetycznymi przestrzeni w Sieci Światowej. Te wibracje nazywane są falami grawitacyjnymi. Szczególnie intensywne oscylacje w sieci światowej powodują zderzenia gwiazd neutronowych i czarnych dziur. Powstałe w wyniku tego fale grawitacyjne podróżują miliardy lat świetlnych od miejsca zderzenia.

Rozdział 3: Elektromagnetyzm

W fizyce ładunek oznacza zdolność ciał i cząstek do oddziaływania na siebie. Współczesna fizyka bada właściwości różnych rodzajów ładunków i klasyfikuje je w następujący sposób: ładunki elektryczne, ładunki kolorowe, ładunki magnetyczne. Istnienie ładunków elektrycznych zostało niezawodnie ustalone. Są one mierzone ilościowo i używane do opisu procesów elektromagnetyzmu. Ładunki ciała są zawsze dyskretne i stanowią wielokrotność ładunku elementarnego. To minimalna istniejąca opłata. Jest on oznaczony przez e lub q0.

Wiadomo, że wszystkie ciała składają się z atomów, a atomy z dodatnio naładowanych protonów, ujemnie naładowanych elektronów i neutralnych neutronów. Masa protonowa 938,272 MeV. Ma elementarny ładunek dodatni. Jest on oznaczony przez p+ lub +q0. Masa elektronu wynosi 0,510 MeV. Ma ujemny ładunek elementarny, który jest oznaczony jako $^{e-}$ lub -q0. Proton jest cięższy od elektronu o współczynnik 1840, ale mimo to mają ten sam rozmiar, ale inny znak ładunków.

Ładunki barwne wykorzystywane są w dynamice chromo kwantowej Zgodnie z jej koncepcjami, hadrony o liczbie barionowej B=1 i B=0 składają się z kwarków, antyków i gluonów. Kwarki mają wewnętrzną cechę. Mogą one przyjmować, więc warunkowo nazywane, trzy stany kolorów, które są nazywane ładunkami koloru. Kwarki nie istnieją w stanie wolnym, ale funkcjonują wewnątrz hadronów. Tak więc, na przykład, zakłada się, że protony i neutrony składają się z trzech kwarków, a miony z pary kwarków - antycznych. Kwarki współdziałają ze sobą za pomocą pól kalibracyjnych, których nośnikami są gluony. Istnienie kwarków i gluonów zostało udowodnione w doświadczeniach z akceleratorami. Uważa się, że cechą charakterystyczną kwarków jest to, że oprócz ładunków barwnych mają one również ułamkowe ładunki elektryczne.

Na obecnym poziomie nauk fizycznych, ładunki magnetyczne nie zostały jeszcze wykryte eksperymentalnie, ale są one wykorzystywane w teorii elektromagnetyzmu. W chwili obecnej nie jest możliwe pełne i precyzyjne wyjaśnienie mechanizmu wzajemnego oddziaływania ładunków elektrycznych, jak również wyjaśnienie, dlaczego istnieją dwa ładunki i jaka jest różnica między ładunkiem dodatnim a ujemnym, dlaczego kwarki mają ułamkowy ładunek elektryczny. Rozważmy te stanowiska z pozycji modelowanego systemu oddziaływania materii i przestrzeni.

3.1 Ładunki elektryczne

Jednym z podstawowych elementów tego układu jest założenie, że proton i elektron zawierają w sobie równą liczbę wątków mocy przestrzeni. Proton w ruchu ściska w kierunku swojego ruchu wątki mocy przestrzeni, a elektron przeciwnie, rozszerza je. Wynika to z faktu, że proton jest cięższy od elektronu w 1840 roku, ale mają one ten sam rozmiar i inny znak ładunków. To właśnie tłumaczy ich podstawowe podobieństwa i różnice. Korzystając z tych przepisów można zdecydowanie wyjaśnić mechanizm wzajemnego oddziaływania ładunków elektrycznych i udzielić logicznie uzasadnionych odpowiedzi na powyższe pytania.

1.Dlaczego ładunki o tej samej nazwie są odpychane i przyciągane są ładunki przeciwne (rysunek 9).

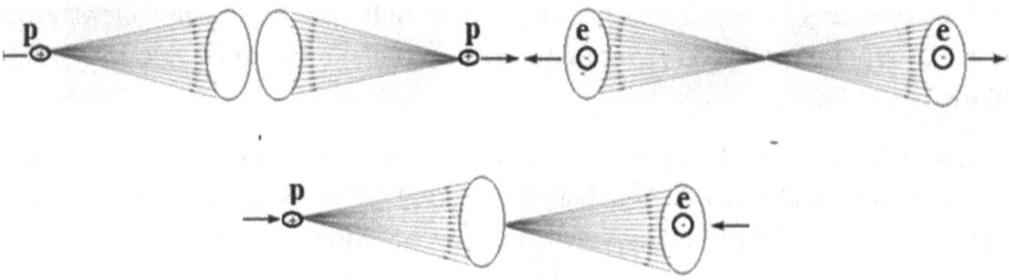

Rys.9 Schemat interakcji ładunków elektrycznych.
a i b - współdziałanie opłat identycznych w znaku, c - współdziałanie opłat przeciwnych w znaku

2. Dlaczego w atomach pierwiastków chemicznych, ujemnie naładowane elektrony nie są absorbowane przez dodatnio naładowane jądro? Weźmy to jako przykład atomu wodoru. Elektron w atomie wodoru znajduje się w przestrzeni w kształcie kuli, w której centrum znajduje się dodatnio naładowany proton. Kula nazywana jest orbitą z elektronicznym wzorem 1s. Znajdujący się w tym obszarze elektron znajduje się na najbliższym poziomie energetycznym do rdzenia i ma niską energię. Proton ściska pasma sił przestrzeni kulistej, a energia przestrzeni jest uwalniana (-Ep). Elektron, poruszając się w tej sferze, rozszerza wątki mocy przestrzeni sfery, emitując jednocześnie energię materii (E_m). Proton i elektron zawierają w sobie tę samą liczbę wątków mocy przestrzeni, więc energie są emitowane w tych samych objętościach (Rys. 10). Ciągle oddziałują na siebie, zapewniając w ten sposób zerowy bilans energetyczny. Może to tłumaczyć fakt, że

poruszający się w tej sferze elektron nie emituje kwantów energii. Będąc na orbicie 1s, elektron nie może zbliżyć się do protonu bliżej niż na określoną odległość (r). Materia jest taka, że elektron w atomach zawsze porusza się w kierunku większego stopnia ściśnięcia energetycznych wątków przestrzeni. Na całym dystansie **r** ich współczynnik kompresji jest na tym samym poziomie. Aby elektron pokonał tę odległość, konieczne jest, aby atom pochłaniał dużą ilość energii materii i wtedy nastąpi kompresja wątków mocy przestrzeni. do tego stopnia, że proton pochłonie elektron i zamieni się w neutron. To logicznie wyjaśnia dlaczego elektrony nie "wpadają" do jądra w atomach.

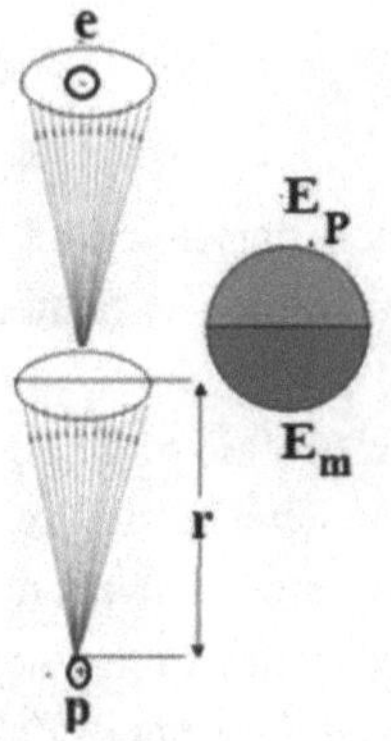

Rys.10 Schemat oddziaływania elektronu z protonem w stanie stabilnym atomu wodoru

Em - energia materii -Ep - energia przestrzeni, r - odległość bliżej której elektron nie może zbliżyć się do protonu

3. Dlaczego, gdy elektrony przechodzą z orbity wysokoenergetycznej na orbitę niskoenergetyczną, atom emituje kwanty energetyczne? Atom wodoru, będąc w stanie stabilnym, nie emituje energii. Po otrzymaniu pewnej ilości energii z otoczenia zewnętrznego, wpada w stan podniecenia. W tym przypadku stopień ściśnięcia kosmicznych wątków mocy wzrasta w całej sferze, w której znajduje się elektron i zwiększa się jego poziom energii. Gdy elektron porusza się w gwintach energetycznych przestrzeni ze zwiększonym stopniem ściśnięcia, bilans uwalniania energii jest łamany w kierunku zwiększania energii materiału (Rys. 11 a). W stanie podniecenia, atom wodoru jest, przez długi czas nie może. Emituje on foton i przechodzi w stan normalny (Rys.11 b). W tym przypadku stopień ściśnięcia pasm siły kosmicznej wraca do tego samego poziomu na całej orbicie 1s.

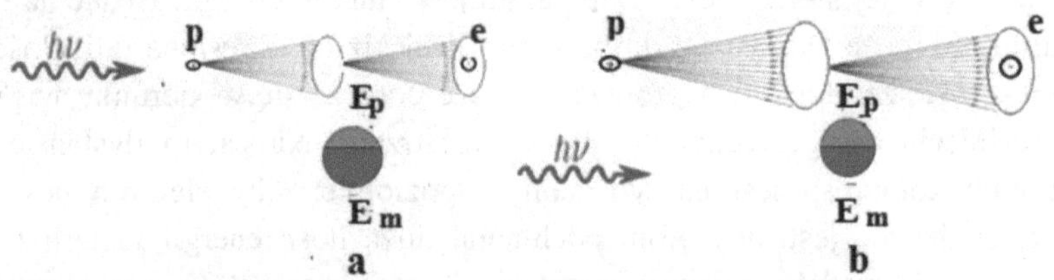

Rys.11 Schemat narodzin fotonów w wyniku przeniesienia elektronu z orbity wysokoenergetycznej na orbitę niskoenergetyczną .
a - atom wodoru w stanie wzbudzony m b - jest w stanie stabilnym

3.2 Opłaty za kolory

Nośniki kwarków o ładunkach barwnych są składnikami hadronów o silnym oddziaływaniu. Należą do nich protony i neutrony. Zgodnie z podstawowymi zasadami symulowanego układu, proton ściska otaczające go pasma sił, a neutron nie. Proton składa się z dwóch kwarków **u** i jednego kwarku **d**. Nosi on jeden dodatni elementarny ładunek elektronu (e). Uważa się, że kwark **u ma dodatni ładunek, który stanowi** 2/3 ładunku elementarnego elektronu (e). Uważa się, że kwark **d ma** ujemny ładunek, który stanowi 1/3 ładunku elementarnego elektronu (e). Dodanie ładunków daje protonowi jeden dodatni ładunek. Zakładając, że kwark **u ściska** dwie części gwintu sił przechodzącego przez proton i kwark **d** rozszerza je, otrzymujemy powyższy wynik +1(e). Neutron składa się z dwóch kwarków **d** i jednego kwarku **u.** W niej jedna połowa gwintu mocy jest ściśnięta, a druga połowa rozszerza się, więc jest neutralna. Jeśli chodzi o elektron, do tej pory nikomu nie udało się go rozbić na jego części składowe, mimo licznych prób. Idąc od podstawowych pozycji układu, że elektron w ruchu w energetycznych wątkach przestrzeni rozszerza je, możemy założyć, że składa się z trzech kwarków **d**.

3.3 Magnesy

. W systemie modelowania gwinty sił magnetycznych są uważane za "skrzepy" gwintów sił kosmicznych, na poparcie tego stwierdzenia przedstawimy następujące dowody

1. Odpoczywający ładunek elektryczny (proton, elektron) ściska lub rozszerza wątki mocy przestrzeni wokół niego z takim samym stopniem ściskania we wszystkich kierunkach, tj. tworzy stałe pole elektryczne. Ruchomy ładunek elektryczny kompresuje lub rozszerza pasmo mocy w dwóch płaszczyznach. W

płaszczyźnie jego ruchu i w płaszczyźnie prostopadłej do niego. W płaszczyźnie tej występują perturbacje wątków energetycznych przestrzeni, tj. ściskanie lub rozprężanie. W wyniku tych perturbacji wokół poruszającego się ładunku, nazywanego magnetycznym, powstaje pole magnetyczne.

2. W wyniku uporządkowanego ruchu elektronów w przewodniku, wokół niego wytwarzane jest pole magnetyczne. Weź dwa przewody równolegle do siebie i przeprowadź przez nie prąd elektryczny. Jeżeli kierunek ruchu elektronów w nich będzie taki sam, to zaburzenie (ściskanie) wątków energetycznych przestrzeni wystąpi w dwóch płaszczyznach prostopadłych do przewodników, Ściskanie w tych płaszczyznach wątków energetycznych przestrzeni będzie skierowane w jednym kierunku, w wyniku czego wystąpią siły skierowane na zbieżność przewodników. Jeśli kierunek ruchu elektronów w przewodnikach jest przeciwny, to kierunek ściskania linii energetycznych przestrzeni w nich będzie skierowany w różnych kierunkach. Siły generowane przez ściskanie będą wypychać przewody w przeciwnych kierunkach.

3. Przepływy wody obracają łopatki turbiny, których wirnik przenosi moment obrotowy na wirnik generatora. Do wirnika przymocowany jest zamknięty obwód przewodzący w postaci uzwojenia wielowątkowego. Wirnik obraca się w stojanie z biegunami elektromagnetycznymi. Gdy wirnik obraca się, uzwojenia wielowątkowe przecinają linie sił pola magnetycznego wytwarzanego przez bieguny elektromagnetyczne stojana. Swobodne elektrony zawarte w przewodach nawojowych rozszerzają "zakrzepy" wątków energetycznych przestrzeni zawartej w liniach energetycznych pola magnetycznego, jednocześnie uwalniając energię materii, która poprzez węzeł przełączający jest usuwana z ruchomego wału wirnika.

Pole magnetyczne magnesu stałego jest tworzone przez momenty magnetyczne elektronów poruszających się w atomach, z których się składa. A to oznacza, że linie energetyczne tego pola (S2) są zakrzepami, liniami energetycznymi przestrzeni w nich zamkniętej (Rys.12). Zakłócenia występują w płaszczyźnie prostopadłej do płaszczyzny ruchu elektronów, włókna energetyczne przestrzeni w nich są zamknięte, mają wejście (Y) i wyjście (N), więc pole to jest dipolem. Ma dwa bieguny, dwa ładunki magnetyczne. Rozerwanie gwintu energetycznego przestrzeni na dwie połowy i uzyskanie dwóch niezależnie od siebie istniejących ładunków magnetycznych jest niemożliwe... W związku z tym nie istnieją pojedyncze ładunki magnetyczne.

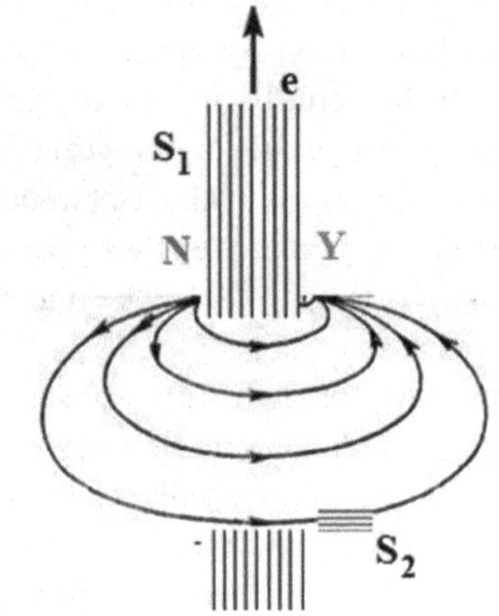

Rys.12 Schemat formowania pola magnetycznego przy stałym magnesie S2- stopniowe ściskanie linii sił pola magnetycznego, S1 - również w płaszczyźnie ruchu elektronu.

3.4 Promieniowanie elektromagnetyczne

Liczne badania naukowców wykazały, że ogrzewane ciała wydzielają ciepło. Ciała o temperaturach poniżej 50 0C emitują promieniowanie podczerwone, natomiast ciała o temperaturach powyżej 500 C emitują promieniowanie widzialne -3000 C. W temperaturze 30000 K pojawia się promieniowanie ultrafioletowe. Oddziaływanie "szybkich" elektronów z materią powoduje powstawanie promieni rentgenowskich, podczas gdy przejście jąder atomowych z jednego stanu do drugiego i rozpad jąder pierwiastków radioaktywnych powoduje powstawanie promieni gamma.

Maxwell uważał, że wszystkie te promieniowanie mają podobny charakter i są falami elektromagnetycznymi. Matematycznie udowodnił ich pochodzenie w wyniku przyspieszonego ruchu ładunków elektrycznych i że prędkość fal elektromagnetycznych jest taka sama jak prędkość światła w próżni. W konsekwencji te fale odkryte eksperymentalnie. Hertz.

Zgodnie z teorią kwantową, światło jest falą elektromagnetyczną. Światło jest emitowane, pochłaniane i rozprowadzane przez porcje energii kwantowej, które są nazywane fotonami. Fotony są ruchomą masą.

Obecnie, pomimo długich i zaawansowanych technologicznie badań, teoria światła zawiera wiele niewiadomych i nierozwiązanych kwestii. Tak więc, na przykład, mechanizm powstawania i rozprzestrzeniania się fotonów o różnych energiach nie został jeszcze w pełni ujawniony i nie ma logicznie uzasadnionej odpowiedzi na te pytania. Czy kwant światła ma wymiary i jaka jest struktura fotonu? Spróbujmy fizycznie zrozumieć dwuznaczności, wątpliwości dotyczące teorii światła i otrzymać logicznie uzupełnione odpowiedzi na zadane pytania za pomocą symulowanego systemu.

Zgodnie z podstawowymi zasadami systemu, przewodami zasilającymi kosmosu są fale. Prędkość (**cs**) ich rozprzestrzeniania się zależy od odległości między nimi...

cs = kλ vmax

gdzie λ-- długość fali, **vmax --** częstotliwość przejścia energii materii w energię przestrzeni, **k** $= \frac{r}{r_0}$ - stosunek odległości między power threads w danym medium fizycznym (r) do maksymalnej odległości między power threads of space (r0)

W każdym ośrodku fizycznym odległości te są stałe, a więc prędkość propagacji oscylacji wątków energetycznych przestrzeni w tym ośrodku jest również stała. Oscylacja wątków energetycznych przestrzeni sieci światowej, i przenika ona przez wszystkie cząsteczki składające się na Wszechświat, zachodzi dzięki ciągłemu przechodzeniu energii materii w energię przestrzeni i vice versa W szczególności, w próżni odległość pomiędzy wątkami energetycznymi przestrzeni jest maksymalna, więc w niej k = 1.

. Foton jest kwantem (porcj±) energii materialnej, która jest emitowana przez elektron podczas jego przechodzenia z wysokoenergetycznej orbity do niskoenergetycznej. Im większa różnica w energiach orbitalnych, tym większą energię emituje foton. Sam foton nie porusza się, lecz burzy wątki mocy przestrzeni. W tym przypadku energia materialna fotonu jest okresowo zamieniana na energię przestrzenną i odwrotnie. Prędkość oscylacji (zakłóceń) linii energetycznych przestrzeni dla każdego medium jest stała, w szczególności w próżni jest to około 3 ^{105} km/sec. Wyjaśnia to niezmienność prędkości fotonów o różnych energiach w tym środowisku, niosących różne ilości energii materialnej. Fotony o różnych energiach mają taką samą liczbę pasm mocy w przestrzeni, przez które się rozprzestrzeniają. Niezmienność ich prędkości propagacji jest spowodowana tym, że wraz ze wzrostem ilości energii przez nie przenoszonej wzrasta stopień ściśnięcia wątków energetycznych przestrzeni. Prowadzi to do zmniejszenia odległości pomiędzy nimi, tj. do zmniejszenia długości fali, do zwiększenia amplitudy oscylacji energetycznych wątków przestrzeni, oraz, odpowiednio, do zwiększenia częstotliwości przemiany energii materii w energię kosmiczną (Rys. 16).

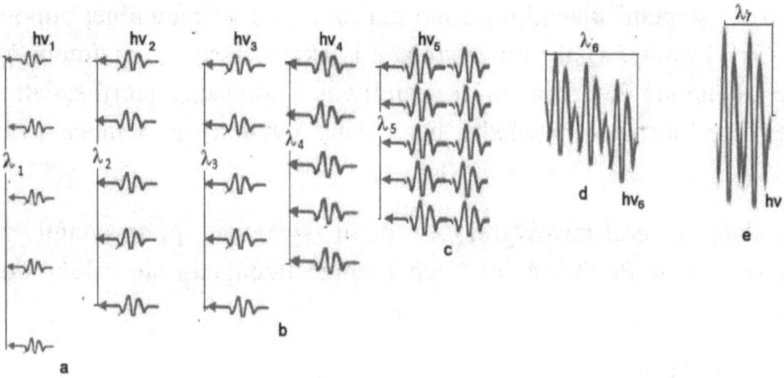

Rys.13. Schemat metod ruchu fotonów o różnych energiach w liniach energetycznych przestrzeni w zależności od rodzaju promieniowania elektromagnetycznego

λ - długość fali, hv - energia fotonów, a - promieniowanie podczerwone , b - promieniowanie widzialne , c - promieniowanie ultrafioletow e d - promieniowanie rentgenowskie, e - promieniowanie gamma

1.Promieniowanie podczerwone (Rys.13.a) . Amplituda oscylacji linii energetycznych i energia fotonów (0.3--1.6 eV), przez które są one rozprowadzane, jest niewielka. Wyjaśnia to, że promieniowanie podczerwone powstaje przy ogrzaniu ciała zewnętrzną energią cieplną (materiałową), która przenika do przestrzeni międzykatomowej i zwiększa stopień kompresji wątków energetycznych przestrzeni wewnątrz ogrzewanego ciała. Wielkość tej przestrzeni jest o rząd wielkości większa wewnątrz przestrzeni atomowej, więc dodatkowy stopień ściśnięcia wątków mocy przestrzeni nie jest tu duży. Przy rozszerzaniu się wątków mocy przestrzeni o elektrony zewnętrznej chmury elektronicznej, w wyniku wahań temperatury atomów, stosunkowo niewielka ilość wypromieniowanej energii zostanie przydzielona.

.2 Promieniowanie widzialne (rys. 13.b). Energia fotonów (1.6 -3.1 eV) promieniowania widzialnego i amplituda oscylacji linii energetycznych przestrzeni jest znacznie wyższa od energii fotonów promieniowania podczerwonego. Wynika to z faktu, że przy temperaturze ciała powyże j ^{500} C, zewnętrzna energia cieplna dostaje się do przestrzeni atomowej. Tutaj ściska wątki mocy do stopni, które pozwalają elektronom na przejście z wysokiego poziomu energii do niższego poziomu energii. Energia emitowana przez materię jest wypromieniowywana i im większa jest różnica pomiędzy poziomami energii, tym więcej energii jest emitowana i tym bardziej jej kolor jest mieszany w kierunku fioletowym i na odwrót. Najmniej energii niosą fotony koloru czerwonego, a największe fotony koloru fioletowego, amplitudy oscylacji wątków energetycznych przestrzeni, na których się one rozprzestrzeniają, mają te same różnice.

3. Promieniowanie ultrafioletowe Rys13.c), jest emitowane przez ciała ogrzane do 3000 K. W takiej temperaturze stopień ściśnięcia wątków energetycznych przestrzeni wewnątrz atomu osiąga taką wartość, że następuje przejście elektronów z najwyższych poziomów energii do najniższych. Atomy emitują fotony (3.1 -124 eV), których energia i amplituda oscylacji włókien energetycznych przestrzeni ich rozchodzenia się gwałtownie wzrasta w porównaniu z poprzednimi promieniowaniem.

4. Promieniowanie rentgenowskie (Rys.13.d). Występuje, gdy "szybkie" elektrony są wybijane z ich miejsc, elektrony atomów użytej substancji. W wyniku zderzenia energia kinetyczna (energia materii) elektronów szybkich przechodzi w energię przestrzeni i jest wydawana na zwiększenie stopnia ściśnięcia wątków energetycznych przestrzeni wokół "pustych" miejsc, które następnie są zajmowane przez inne elektrony z obłoków elektronów atomów. Gdy elektrony przemieszczają się w "puste" miejsca, rozszerzają wątki mocy przestrzeni wokół siebie, a energia materii wydanej na ich dodatkowe ściśnięcie jest uwalniana i wypromieniowywana. Energia fotonów tego promieniowania jest określona przez ilość energii kinetycznej "szybkich" elektronów. Im wyższa jest prędkość elektronów, tym mocniejsze jest promieniowanie i na odwrót. Energia fotonów (1,2 ^{103} eV) i amplituda drgań linii energetycznych w przestrzeni o dużym natężeniu promieniowania są znacznie wyższe niż w przypadku promieniowania ultrafioletowego.

5. Promieniowanie gamma (Rys. 13 e). Ma najwyższą wydajność spośród wszystkich znanych promieni elektromagnetycznych. Energia jego fotonów wynosi więc 1,24 ^{105} eV, a amplituda linii energetycznych przestrzeni, przez które rozprzestrzeniają się one 363,1 razy więcej niż promieniowanie podczerwone. Wyjaśnia to fakt, że fotony gamma promieniowania rodzą się w jądrach atomów, gdzie stopień ściśnięcia wątków sił przestrzeni jest największy dla warunków naziemnych. Mechanizm, z którego pochodzi to promieniowanie, jest następujący. Wiadomo, że gdy jądra atomów pierwiastków lekkich łączą się, masa nowo utworzonego jądra jest mniejsza niż całkowita masa połączonych jąder. Dzieje się tak dlatego, że masa jąder atomów, których fuzja powoduje powstanie nowego jądra, składa się z masy spoczynkowej, a jest to "skrzep" energii materii oraz masa "wolnej" energii materii zachowanej pomiędzy cząstkami składającymi się na te jądra. Po połączeniu, wiązania te ulegają zniszczeniu, a zgromadzona w nich energia materii

zostaje uwolniona. Jedna część z nich służy do tworzenia wiązania energetycznego pomiędzy cząstkami tworzącymi nowy rdzeń, podczas gdy druga część jest emitowana jako energia cieplna. Kiedy jądro się rozpada, energia materii wydatkowana na dodatkowe ściskanie wątków mocy przestrzeni wewnątrz jądra jest uwalniana i wypromieniowywana. Promieniowanie elektromagnetyczne o większej energii fotonów niż promieniowanie gamma nie zostało jeszcze odkryte. Chociaż, teoretycznie, nie ma obecnie żadnych znanych przeszkód w ich występowaniu...

Wniosek

. Pozytywne i negatywne ładunki elektryczne występują w przyrodzie w izolacji. Wynika to z faktu, że wykonują one różne funkcje z wykorzystaniem wątków mocy przestrzeni. Te pozytywne ściskają je, a te negatywne rozszerzają się. Frakcyjny ładunek elektryczny w kwarkach tłumaczy się tym, że mogą one istnieć tylko wewnątrz hadronów. Z ich pomocą protony i neutrony realizują swoje funkcje za pomocą wątków siłowych przestrzeni. Pole magnetyczne magnesów trwałych powstaje w wyniku cyrkulacji elektronów w atomach, które go tworzą. Jego linie energetyczne składają się z "zakrzepów" energetycznych wątków przestrzeni, które mają wejście i wyjście w energetycznych wątkach przestrzeni w płaszczyźnie ruchu elektronów, a więc pole magnetyczne jest dipolowe. Aby uzyskać oddzielne ładunki magnetyczne, konieczne jest podzielenie "zakrzepów" linii energetycznych, które składają się z magnetycznych linii energetycznych, na części, ale siła, która może to zrobić, nie jest jeszcze znana nauce. W związku z tym nie istnieją pojedyncze ładunki magnetyczne.

Foton jest falą, ale ponieważ rozprzestrzenia się po liniach energetycznych przestrzeni, zachowuje się jak cząsteczka fali. Przewody zasilające w przestrzeni mają charakter falowy. Prędkość oscylacji gwintu mocy w każdym środowisku fizycznym jest stała. Dlatego wszystkie fotony przenoszące różne ilości energii mają taką samą prędkość w próżni. Prędkość ta wynosi $3^{\cdot 105}$ km/sek. Wszystkie fotony promieniowania elektromagnetycznego mają taką samą liczbę linii energetycznych w przestrzeni, przez które się rozchodzą, ale odległość między tymi liniami jest różna. Im więcej energii niesie foton, tym większa jest amplituda oscylacji linii energetycznych przestrzeni i tym mniejsza jest długość jego fali. I odwrotnie, im mniejszy foton niesie energię, tym mniejsza jest amplituda oscylacji linii energetycznych przestrzeni, przez którą się rozprzestrzenia i tym dłuższa jest jego długość fali.

Rozdział 4: Fizyka jądra atomowego

4.1 Struktura jądra atomowego

Jądra atomowe składają się z nukleonów, tj. protonów i neutronów. Liczba protonów w jądrze jest określona przez jego liczbę porządkową Z w układzie okresowym pierwiastków. Liczba neutronów N równa się różnicy między liczbą masową (A) atomu a liczbą protonów w nim zawartych. Protony i neutrony składające się na jądro są utrzymywane przez siły jądrowe działające w odległości 10-15 m. Stwierdzono eksperymentalnie, że masa, a więc i energia jąder, jest mniejsza od sumy mas (energii) jąder, które ją tworzą. Różnica tych wartości, wyrażona w jednostkach energii, jest energią wiązania jądra atomowego ΔW.

Energia wiązania nukleonów zapewniająca stabilność nukleonu z punktu widzenia modelowanego układu jest wynikiem oddziaływania materii i przestrzeni.

Wszystkie znane pierwiastki chemiczne, począwszy od helu, oprócz dodatnio naładowanych protonów mają w swoich jądrach neutralne cząstki neutronowe. Jak dotąd w przyrodzie nie znaleziono żadnych pierwiastków poza wodorem, którego jądra składają się z pojedynczego protonu, a przyczyna tego jest następująca. W atomach pierwiastków chemicznych, protony ściskają i elektrony rozszerzają wątki mocy przestrzeni. W przestrzeniach atomowych zachodzi ciągłe oddziaływanie elektronów i protonów przy dużych prędkościach na zasadzie równoważnej wymiany energii - energii materii (Em) i energii przestrzeni (Er), co nadaje przestrzeni atomowej stan stabilny i trwały.

. Wewnątrz rdzenia jest inny obraz. Kiedy dwa protony zbiegają się w odległości większej niż 10-15 m, oba protony, mając taką samą liczbę pasm sił w przestrzeni, ściskają je w jednej płaszczyźnie w kierunku przeciwnym do siebie. Wynikiem tego są siły działające w odwrotnym kierunku, odpychające protony od siebie (rys. 9.a). Kiedy dwa protony zbliżają się na odległość mniejszą niż 10-15 m, zaczynają się pojawiać siły jądrowe. Ich pojawienie się wynika z następujących powodów.

Proton zawiera dwa kwarki **u** i jeden kwark **d**. Kwark **u posiada** 2/3 ładunku dodatniego, natomiast kwark **d** posiada 1/3 ładunku ujemnego. Kwark **u** (Rys. 14). z kolei składa się z pojedynczych cząstek partonów, natomiast kwark **d** składa się z pi partonów. Parton to grupa przestrzeni, z których każda otoczona jest dwoma grawitonami, a pi parton to grupa grawitonów, z których każda otoczona jest dwoma przestrzeniami (Rys. 14 c. d). Obie cząstki powstały w najwcześniejszej fazie wszechświata i są najmniejsze (poza grawitonem i prostonem) spośród wszystkich cząstek zamieszkujących wszechświat.

Proton ma złożoną strukturę. Ma on kształt kulisty (Rys. 15 a). W środku znajduje się kwark **u**, który ściska wątki mocy przestrzeni. W środku kuli znajduje się kwark **d,** który rozszerza wątki mocy przestrzeni. Na obrzeżach kuli znajduje się kwark **u,** który je kompresuje. Podczas ruchu protonu gwinty siłowe przechodzącej przez niego przestrzeni są ściskane nie tylko wewnątrz kuli, ale i wokół niej. Wielkość kompresji zmniejsza się wraz ze wzrostem odległości od kuli. Wewnątrz kuli stopień ściskania pasm siły kosmicznej pozostaje stały i utrzymuje sztywność konstrukcji protonowej.

Neutron składa się z dwóch kwarków **d** i jednego kwarku **u**. Ma też kulisty kształt. W jego środku znajduje się kwark **u,** który ściska wątki mocy przestrzeni. Reszta kuli jest zajęta przez kwarki d. Rozszerzają one gwinty siłowe przestrzeni i kompensują siły ściskania kwarku **u. W wyniku** tego neutron jest neutralny (Rys.15 b).

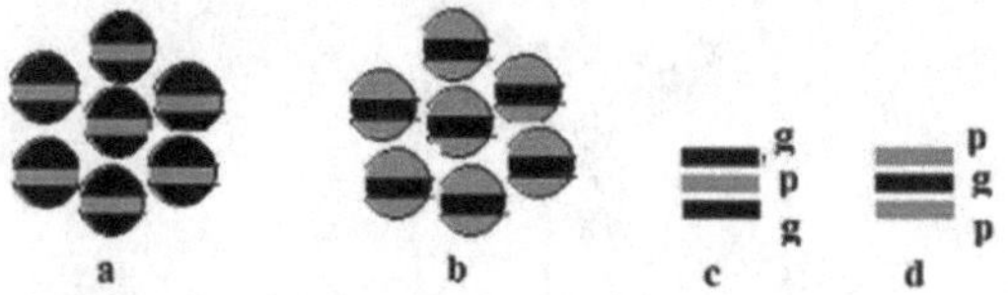

Rys.14 Schemat struktury kwarków
a -- quark **u** -- quark **d**
-- Parton, Pion, Grawiton, P, Proste.

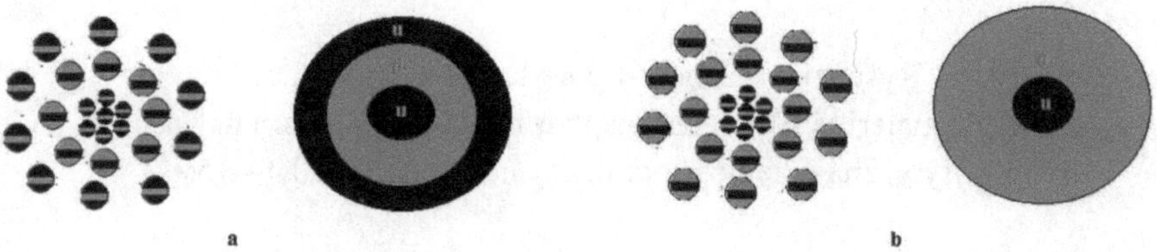

Rys.15 Schemat budowy nukleonu
a - proto n b - neutron

Przy wzroście stopnia kompresji włókien energetycznych przestrzeni, równym dwukrotnemu wzrostowi stopnia kompresji w atomie wodoru, proton i neutron łączone są w deuteron. To ma się stać tak. Wraz ze wzrostem stopnia ściskania wątków energetycznych przestrzeni, czyli ściskania grawitacyjnego, wzrasta energia kinetyczna nukleonów i zaczynają się one zbiegać. Po osiągnięciu krytycznej odległości pomiędzy nimi (Rys. 16 a), wymieniają one cząstki pi umieszczone na zewnętrznej części swojej kuli. Cząstki Pi rozpadają się, a ich wiązania są zamieniane na energię materii i przestrzeni (16.b). Następnie przechodzą one w energię wiązania pomiędzy nukleonami i powstaje deuteron (jądro deuteru). Energia wiązania deuteronu wynosi 0,1% jego masy spoczynkowej. Ale powstawanie deuteronu ma miejsce, gdy obie cząstki mają ten sam spin. Na różnych grzbietach, proton i neutron nie są połączone.

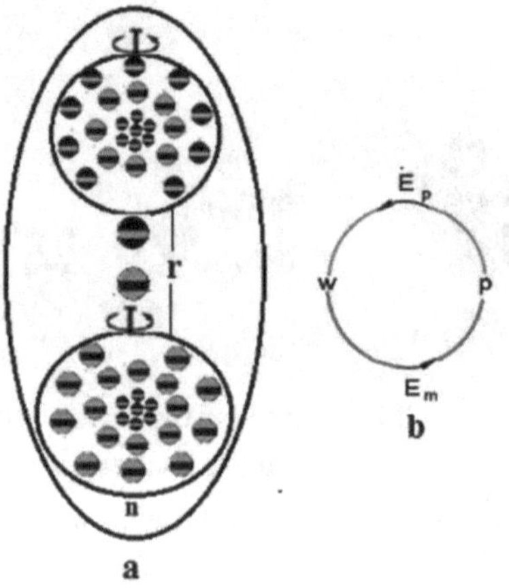

Rysunek 16 Schemat powstawania deuteronu
Em -- energia materi i EP -- energia przestrzeni p -- proton n -- neutron ,
r - krytyczna odległość pomiędzy nukleonami < 10—15м

Jak wiecie, kwarki powstały na samym początku narodzin wszechświata. W tym okresie, z punktu widzenia modelowanego układu, stopień ściskania wątków energetycznych przestrzeni był wyższy niż podczas formowania jąder pierwiastków chemicznych, więc kwarki nie mogą istnieć w stanie swobodnym. Są one częściami składowymi protonów i neutronów, i są tam, w stanie granicznym. Kwarki są trzymane wewnątrz protonów i neutronów przez siły przyciągania pomiędzy grawitonami i pierwotniakami, które są nazywane gluonami. Są to najsilniejsze wiązania, jakie istnieją pomiędzy cząstkami we wszechświecie. Dezintegrują się one tylko wtedy, gdy cząsteczki zostaną unicestwione, uwalniając ogromną energię oraz swobodne grawitony i przestronność.

.

Siły trzymające kwarki wewnątrz hadronów zwiększają się wraz ze wzrostem odległości między nimi. Pokazano to na rysunku 17 a. b. c . Działają one w taki sam sposób jak siły rozciągające linkę gumową Rys.17 h. e. k. Przedłużeniu liny zapobiegają siły sprężystości liny. Dlatego też, im większa jest odległość, tym większy wysiłek jest wymagany.

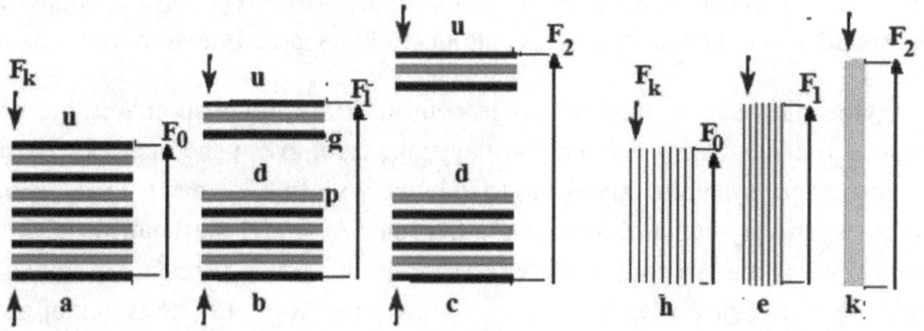

Rys. 17 Schemat wzrostu siły łączącej kwarki w protonie ze wzrostem odległości między nimi.
u i d-kwarki Fk to siła, która zapobiega rozciąganiu F0 < F1 < F2

4.2 Synteza termojądrowa

Powszechnie uważa się, że Słońce doświadcza termonuklearnej reakcji cyklu proton - proton. W wyniku tej reakcji cztery protony zostają przekształcone w jądra helu w wyniku kolejnych reakcji jądrowych.

$$4p \rightarrow {}^{4Nie} + 2e + 2ve + Q.$$

Reakcje termojądrowe zachodzą w centralnej części Słońca. Temperatura wynosi tu ponad 14 milionów stopni Celsjusza, a gęstość 150 g/cm3. Jednak w rdzeniu słonecznym, który ma około 160 tys. km długości, taka gęstość i temperatura nie jest powszechna. W jego poszczególnych sekcjach, nazwijmy je shellami, parametry te są różne.

W ramach symulowanego systemu, procesy te są przedstawione w następujący sposób. Wraz ze wzrostem kompresji grawitacyjnej w centralnej części Słońca wzrasta stopień kompresji wątków energetycznych przestrzeni. A gdy znajduje się on w oddzielnej powłoce, przekroczy stopień kompresji w±tków mocy w wewnętrznej przestrzeni atomowej atomu wodoru, elektrony pokonaj± przyci±ganie j±der i "wylatuj±" z atomów. W tym samym czasie znacznie wzrasta prędkość obrotowa protonu i elektronu cząstek. Gdy protony zbiegają się z elektronami na odległość, na której powstają warunki do przechwytywania elektronów przez protony, absorbują one elektrony. W wyniku absorpcji energia kinetyczna cząstek, która jest energią materii, jest zamieniana na energię przestrzeni i wykorzystywana do tworzenia wiązania między nimi. Pozostała nadwyżka tej energii jest odprowadzana przez nową cząstkę neutrina elektronowego, która pojawiła się w procesie połączenia (Rys.18), a schemat jej struktury przedstawiony jest na Rys.19.

Obecnie odkryto trzy generacje neutrin, które mogą spontanicznie przenosić się na siebie nawzajem i mają ultra wysoką zdolność penetracji. Z perspektywy symulowanego systemu, zjawisko to można wyjaśnić w następujący sposób. W wyniku wychwytywania elektronu przez proton rodzi się neutrino elektronowe. Jego masa jest nieznacznie mała, więc istnieją wszystkie przesłanki, aby sądzić, że składa się z dwóch prostych i jednego grawitonu (Ryc. 18). Przy takiej strukturze strukturalnej cząstka może przemieszczać się przez dowolne obiekty kosmiczne, jeśli mają one bez grawitonowe wątki mocy przestrzeni. Założenie to jest poparte następującymi dowodami naukowymi. W reakcjach termoj±drowych zachodz±cych we wnętrzu Słońca, wraz z narodzinami dużej ilo¶ci neutrin elektronowych, znaczna ilo¶ć energii jest zamieniana na fotony promieniowania elektromagnetycznego. Potrzeba wielu lat, aby fotony docierały na powierzchnię Słońca z jego głębi, a neutrina są w stanie podróżować w ten sposób z dużą prędkością. Dlatego nawet w substancji o gęstości 150 g/cm3 znajduje się duża liczba wątków mocy wolnej od grawitonów. Elektroniczne neutrino porusza się w energetycznych nićch przestrzeni dzięki energii kinetycznej otrzymywanej przez nie przy narodzinach. Gdy porusza się w gwintach energetycznych przestrzeni, nie napotyka na opór z nich. Siły odpychania się prostaka od prostaka, które składają się na siłę przędzy, kompensowane są przez siły ich grawitacji (Rys. 19 c). Neutrino ma właściwości fali solitonowej. Może on podróżować w przestrzeni kosmicznej przez długi czas i pokonywać ogromne odległości. Przykład istnienia reliktowych neutrin pozostałych po Wielkim Wybuchu. Wszystkie obecnie znane rodzaje neutrin: elektroniczne, mionowe i naprężone neutrina mają właściwość superpozycji, tzn. mogą przekształcać się w locie z jednego gatunku na drugi. Na przykład, neutrino elektronowe powstałe w wyniku syntezy termojądrowej we wnętrzu Słońca może zostać przekształcone w mionowe, a następnie w neutrino tau (Rys.19.a). I odwrotnie, w drodze na Ziemię, tau neutrina może zostać przekształcone w neutrino elektronowe (rys. 19 b).

W miarę dalszego ściskania wątków siłowych przestrzeni w powłoce, protony łączą się z neutronami i tworzą deuterony. Następnie łączone są dwa deuterony. ich wiązania energetyczne są niszczone i zamieniane na energię materii i energię przestrzeni, które następnie tworzą wiążącą energię nowego jądra - jądra helu. Powstają dwa pozytony, dwa neutrina, i uwalniana jest energia (Q = 26,73), podczas gdy energia wiązania helowego wzrasta do 0,74% jego masy spoczynkowej.

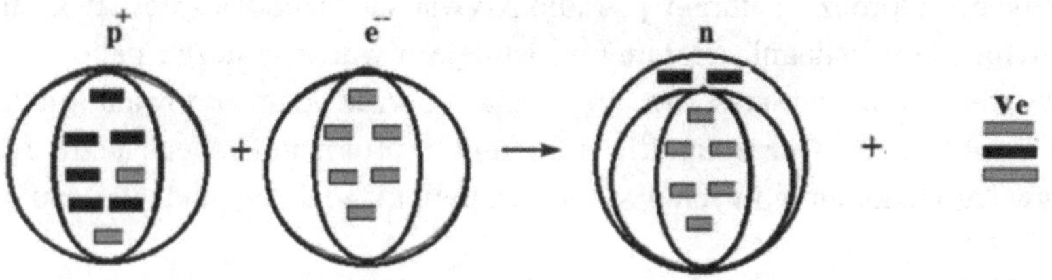

Rys.18 Schemat procesu wychwytywania elektronów przez proton

▬ grawitonowe prostonow e ▬ Ve = neutrino elektronowe

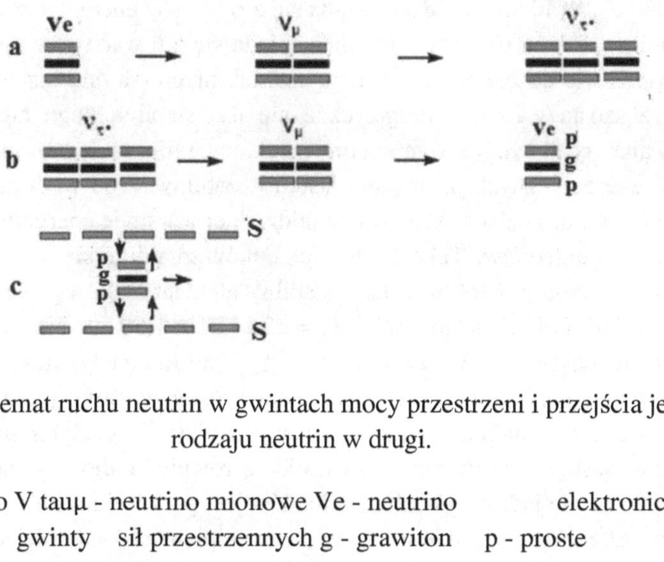

Rys. 19 Schemat ruchu neutrin w gwintach mocy przestrzeni i przejścia jednego rodzaju neutrin w drugi.

Vτ - neutrino V tauμ - neutrino mionowe Ve - neutrino elektroniczne S - gwinty sił przestrzennych g - grawiton p - proste

4.3 Radioaktywność

Zdolność atomowych jąder poszczególnych pierwiastków do spontanicznego rozpadu, stając się jednocześnie jądrami innych pierwiastków, nazywana jest radioaktywnością naturalną. Naturalna radioaktywność jest obserwowana w ciężkich jądrach pierwiastków znajdujących się za bizmutem (BI) o liczbie masowej ponad 208 jednostek masy atomowej. Radioaktywności jąder atomowych towarzyszy emisja pewnych cząstek i promieniowania elektromagnetycznego. Promieniowanie radioaktywnych jąder jest spontaniczne, stałe i całkowicie niezależne od warunków zewnętrznych. Oprócz naturalnej radioaktywności nieodłącznie związanej z niestabilnymi pierwiastkami naturalnymi, istnieje również sztuczna radioaktywność izotopów stabilnych pierwiastków uzyskana poprzez bombardowanie ich jąder ciężkimi cząstkami - α cząstkami, neutronami i protonami. Mechanizm rozpadu radioaktywnego jąder atomowych w symulowanym układzie wygląda następująco.

Radioaktywność pierwiastków chemicznych jest spowodowana niestabilnością ich jąder, co jest wynikiem ich nasycenia nukleonami (protonami i neutronami). Chodzi o to, że, jak wiadomo, nukleony mają spin (swój własny mechaniczny moment ruchu cząsteczki), dlatego każda warstwa energetyczna nukleonu również ma spin, który jest wynikiem dodania nukleonów, które je tworzą. Z kolei jądra atomów również posiadają spin, który składa się z wirów ich warstw energetycznych. W bizmucie rdzeń składa się z 6 warstw energetycznych i wszystkie one są stabilne. Rdzeń polonowy również składa się z 6 warstw energetycznych, ale w przeciwieństwie do bizmutu, 5 z nich jest stabilnych (są one rdzeniem stabilnego ksenonu), a szósta warstwa energetyczna nie jest stabilna. Jego niestabilność jest spowodowana tym, że jest nasycony nukleonami, ponieważ we wszystkich warstwach energetycznych jąder pierwiastków stabilnych, od wodoru do ostatniego stabilnego bizmutu, liczba nukleonów w oddzielnej warstwie energetycznej jądra nie przekracza 78 nukleonów. Taka liczba nukleonów znajduje się w szóstej warstwie energetycznej bizmutu, i jest to ostatni stabilny element PSE, jego stosunek N / Z = 126 / 83 = 1,518. Polon ma stosunek N/Z = 126 / 84 = 1,50, ale bizmut jest stabilny i polon jest radioaktywny. W związku z tym jego radioaktywność nie wynika z ogólnego stosunku N/Z, lecz z niestabilności szóstej warstwy jądrowej, ponieważ polon ma w sobie 79 nukleonów, a bizmut wynosi 78. Wniosek ten potwierdza fakt, że wszystkie następujące po nim pierwiastki są również radioaktywne, ponieważ w ich szóstej warstwie jądrowej liczba nukleonów jest powyżej limitu (78 nukleonów). Przeciążenie nukleonem zwiększa stopień ściskania nici siły kosmicznej do wartości, przy której spin szóstej warstwy jądra staje się niestabilny, a zatem całkowity spin jądra staje się niestabilny, co prowadzi do pęknięcia jądra przez siły odśrodkowe i rozpada się na izotopy.

Należy zauważyć, że na ogólny spin jądra zdecydowanie mają wpływ oddziaływujące z nim powłoki elektroniczne. Sposób i miejsce mocowania nowych nukleonów do rdzenia poprzedniego pierwiastka w siódmej warstwie energetycznej nowych nukleonów ma również duże znaczenie dla czasu trwania istnienia pierwiastków promieniotwórczych. Na przykład drugi pierwiastek z 7. okresu PSE ma dwa deuterony w 7. warstwie energetycznej, czwarty tor ma 4 deuterony, szósty uran ma 6 deuteronów, a ósmy pluton ma 8 deuteronów. Te elementy mają długą żywotność. Ich okresy półtrwania wynoszą odpowiednio: rad (Ra) -1602, tor (Th) 14 ^{109} lat, uran (U) 4,51-109 lat. pluton (Pu) 3,7 ^{105} lat. Nienormalnie długie okresy półtrwania tych naturalnie występujących pierwiastków promieniotwórczych pozwalają nam stwierdzić, że wyżej wymienione ilości nukleonów zawartych w 7 warstwie energetycznej ich jąder stanowią rodzaj "przeciwwagi" dla 6-ej niestabilnej warstwy energetycznej i tym samym przedłużają ich żywotność.

Wniosek

Jądra pierwiastków chemicznych składają się z protonów i neutronów, które są nazywane nukleonami. Neklony mają złożoną strukturę i kulisty kształt. Składają się z kwarków. Kwarki zawierają grupy cząstek, które składają się z powiązanych grawitonów i przestrzeni. Sutki oddziaływują ze sobą za pomocą kwarków. W tym przypadku kwarki wymieniają grupy cząstek. Rozkładają one wiązania i uwalniają energię materii, która została na nie wydana. Energia ta jest następnie zamieniana na energię wiązania nukleonowego. Fuzja termojądrowa w głębi Słońca zachodzi w wyniku syntezy jąder wodoru do helu. Kiedy się łączą, powstają dwa pozytony, dwa neutrina elektronowe, i uwalniana jest energia cieplna. Przyjmuje się, że neutrino elektronowe to grawiton otoczony dwoma prostonami. Sugeruje to, że masa grawitonu niepodzielnej cząstki materii wynosi 1/3 masy neutrina elektronowego. Radioaktywność jąder pierwiastków chemicznych wynika z ich przeciążenia nukleonami szóstej warstwy energii jądrowej.

Rozdział 5: Podstawowe interakcje

Fizycy teoretyczni mają silne dowody, że wszystkie zjawiska w świecie fizycznym są kontrolowane przez 4 siły. Siły oddziaływania grawitacyjnego, elektromagnetycznego, słabego i silnego.

5.1 Silna interakcja

Jest to najkrótsza i najbardziej intensywna z wszystkich interakcji. Protony i neutrony, które tworzą jądra pierwiastków chemicznych, są przyciągane do siebie w wyniku oddziaływania ich kwarków. Kwarki oddziałują ze sobą za pomocą cząstek pi składających się z grawitonów i przestrzeni. Kwarki nie mogą istnieć w stanie wolnym, ale są obecne wewnątrz nukleonów w stanie zamkniętym.

Proton składa się z trzech kwarków: dwóch kwarków **u** i jednego **d**. Elektron zawiera trzy kwarki **d.** Kwark **u ściska wątki** mocy przestrzeni, a kwark **d** rozszerza je, dlatego proton, mając w strukturze dwa kwarki **u** i jeden kwark **d, ściska** wątki mocy, otaczając swoją przestrzeń Neutron składa się z protonu i ciągnieni do niego elektronu. Dotyczyło to dwóch kwarków **u** i czterech kwarków **d.** Kiedy wchodzą one w interakcję, jeden kwark **u** i dwa kwarki **d** wymieniają cząstki pi. W wyniku tego powstaje nowa struktura - neutralna cząstka neutronowa. Stopień ściskania nitek siłowych przestrzeni otaczającej neutron pozostaje niezmienny, równy stopniowi ich ściskania wewnątrz przestrzeni jądrowej danego pierwiastka chemicznego. Proton i neutron mają masę. Są one otoczone polami grawitacyjnymi, W odległości przekraczającej promień rdzenia, wpływ ich pól grawitacyjnych na siebie jest znikomy. Przy ich zbieżności w odległości mniejszej niż 10-15 m objawia się to znaczną różnicą w stopniu ściskania wątków energetycznych otaczających nukleony przestrzeni. Proton o wyższym stopniu kompresji przyciąga neutron (Rys. 19 **).** Atrakcyjność ta ma jednak swoje granice, ze względu na charakterystyczną cechę kwarków. Wraz ze zmniejszaniem się odległości pomiędzy zbliżającymi się nukleonami, osłabiają się interakcje tworzących je kwarków. Po osiągnięciu pewnego progu odległości pomiędzy protonem i neutronem , stopień ściśnięcia nitek sił otaczających ich przestrzeń staje się taki sam, nukleony mocno przylegają do siebie, zapewniając w ten sposób stabilność rdzenia. Ten sposób połączenia cząstki niosącej ładunek z cząstką neutralną, a następnie łączenia ich z jądrami pierwiastków chemicznych, jest podstawą do powstania jąder nowych pierwiastków chemicznych. A główną rolę odgrywa neutron. Świadczy o tym fakt, że w przyrodzie nie ma żadnego pierwiastka chemicznego poza lekkim wodorem, którego rdzeń składa się z pojedynczego protonu. W tym przypadku, opierając się na podstawowych zasadach układu, protony ciężkich jąder pierwiastków zawarte w dużych ilościach mogły ściskać gwinty sił otaczające rdzeń przestrzeni, aż do punktu ściśnięcia w czarnej dziurze. Mechanizm przyciągania neutronu protonowego został przedstawiony na jądrze helu (ryc. 20).

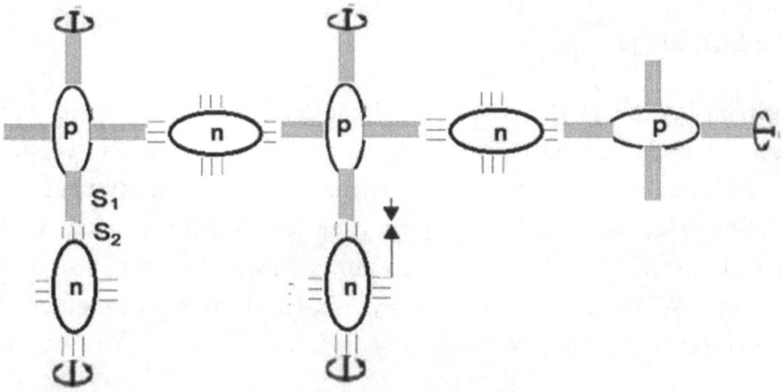

Rys. 20 Schemat budowy jądra litu

p jest protonem, **n** jest neutronem, **S1 jest stopniem** ściskania nici siły kosmicznej przez proton, **S2** jest tym samym neutronem.

5.2 Oddziaływanie elektromagnetyczne

Interakcja elektromagnetyczna ustępuje tylko silnej interakcji pod względem intensywności. Wynika to z oddziaływania cząstek niosących ładunki dodatnie i ujemne. W przeciwieństwie do oddziaływania grawitacyjnego, które zawsze przejawia się tylko w formie przyciągania, oddziaływanie elektromagnetyczne tworzy zarówno efekt przyciągania, jak i odpychania. Ponieważ jego nośnikiem jest bezmasowa cząstka fotonu, ma on duży zasięg. Wiązania elektromagnetyczne pomiędzy protonami i elektronami wytwarzają atomy i molekuły.

Współczesna fizyka nie zna natury ładunku elektromagnetycznego. Korzystaj±c z podstawowych zasad symulowanego systemu można uzyskać pewn± odpowiedzi± na to pytanie na przykładzie elektromagnetycznego oddziaływania protonów j±dra atomowego z elektronami powłok elektronowych atomów. Zgodnie z tymi zasadami, protony jąder atomowych ściskają do pewnego stopnia gwinty sił wewnątrz przestrzeni atomowej. W wyniku tej kompresji uwalniana jest pewna ilość energii kosmicznej. Przeciwnie, elektrony rozszerzają gwinty sił ściskane przez protony wewnątrz przestrzeni atomowej i uwalniają tę samą ilość energii materii. Energia płynie do siebie nawzajem. To jest bilans energetyczny. Takie ściskanie i rozszerzanie przestrzeni atomowej odbywa się okresowo. W rezultacie atomy wykonują ruchy oscylacyjne, które zwiększają ich stabilność. To jest istota interakcji elektromagnetycznej.

5.3 Słaba interakcja,

Słaba interakcja jest uważana za interakcję rozpadającą się. Przejawia się to w procesie rozpadu β, w którym proton zamienia się w neutron i na odwrót. Rozpad może nastąpić na dwa sposoby. Przy rozpadzie β- i β+. Intensywność oddziaływania słabego jest silniejsza niż grawitacyjnego, ale jest skuteczna w odległości 1000 razy mniejszej niż promień sił jądrowych. Leptony i kwarki oraz neutrina biorą udział w tej interakcji. W tej interakcji, leptony i kwarki mogą zamieniać się w siebie. Nadajniki o słabej interakcji to bozony W- i Z.

Nowoczesna koncepcja tak ukształtowanej interakcji słabej może być sprecyzowana i pogłębiona z punktu widzenia modelowanego systemu poprzez następujące uzupełnienia.

a. Proton spotyka się z elektronem w tych przypadkach, gdy stopień ściśnięcia nici energetycznych przestrzeni poza atomem wodoru jest większy niż stopień ściśnięcia wewnątrz niego. Takie spotkanie nazywa się rozpadem β+ i kończy się utworzeniem neutronu. W tym przypadku, większość energii materii, a jest to energia kinetyczna uwolniona w wyniku ekspansji energetycznych wątków przestrzeni przez elektron, w trakcie jego ruchu w nich, przechodzi w energię wiązania elektron-proton. Z pozostałej (mniejszej) części tworzy się elektroniczne neutrino, które następnie pozostawia rozpad β+.

$$P + \overline{e} \longrightarrow n + \tilde{\Upsilon}_e$$

b. Przy rozpadzie β- - neutronów powstają proton, elektron i antyneutrino elektronowe...

$$n \longrightarrow P + \overline{e} \rightarrow \tilde{\Upsilon}_e$$

Całkowita masa produktów rozkładu jest mniejsza niż masa neutronu. Dzieje się tak dlatego, że neutron składa się z mas spoczynkowych protonu i elektronu oraz mas energii materii zaoszczędzonych w energii komunikacji. Proces rozkładu uwalnia energię komunikacyjną. Przechodzi ona do energii kinetycznej protonu i elektronu oraz do powstawania neutrina elektronowego, które następnie opuszcza β- rozpad. Stopień ściśnięcia wątków energetycznych przestrzeni w obu procesach jest równy temu w procesach związanych z oddziaływaniem elektromagnetycznym.

5.4 Interakcja grawitacyjna

W prawie grawitacji masa ciała (mgr) charakteryzuje jego zdolność do przyciągania do innego ciała. W drugim prawie Newtona masa charakteryzuje zdolność ciała do opierania się prędkości jego ruchu i nazywana jest masą obojętną (min). W sposób eksperymentalny (eksperymenty z wahadłem) ustalono równość pomiędzy tymi dwoma masami. Ta równość mas nie wynika jednak z niczego, poza danymi eksperymentalnymi; co więcej, bardzo fizyczne znaczenie tych pojęć jest fundamentalnie różne. Jeżeli masa grawitacyjna jest miarą grawitacyjnego uciągu ciała, to masa obojętna jest miarą oporu ciała na działanie siły.

W ramach symulowanego systemu, oddziaływanie grawitacyjne ciał materialnych wygląda następująco. Każdy materialny korpus posiadający masę deformuje wątki siłowe przestrzeni wokół niego. Stopień deformacji jest określony przez ilość substancji w materialnym korpusie, czyli masę grawitacyjną - mgr. Włókna siłowe przestrzeni otaczającej ciało opierają się tej deformacji. Miarą tej oporności jest siła równa w module i przeciwna do siły grawitacyjnej, która jest nazywana obojętną min. w oddziaływaniu grawitacyjnym ciał materialnych oddalonych od siebie w pewnych odległościach nakładają się ich pola grawitacyjno-przestrzenne, a decydującą rolę w tym oddziaływaniu odgrywa stopień ściśnięcia wątków sił otaczających te ciała przestrzeni. Ciało nad nią dominuje w tej interakcji.

5.5.Piąta interakcja

Obliczenia pokazują. Widoczna materia to 5% całej materii we wszechświecie. Reszta, według naukowców, pada na ciemną materię i ciemną energię. Ze wszystkich podstawowych sił działających w świecie fizycznym, tylko siła grawitacyjna może oddziaływać z ciemną materią. Pomimo wszystkich wysiłków fizyków, nie znaleziono jeszcze żadnego śladu tego oddziaływania. Ale poszukiwania trwają dalej. W wyniku badań laboratoryjnych węgierscy naukowcy otrzymali więc cząstkę zwaną "cząstką światła ciemnej materii - ciemny foton" i doszli do wniosku, że otworzyli piąte oddziaływanie. Wyniki tego eksperymentu są obecnie podwójnie sprawdzane przez wielu naukowców na całym świecie.

Opierając się na zasadach systemu modelowania, możemy przyjąć następujące założenia. Cząstki ciemnej materii powstały we wczesnej fazie rozwoju Wszechświata, w kolosalnej gęstości energii promieniowania materii i przestrzeni w temperaturze ^{1015} K. Najmasywniejsza cząstka w kwarku Standardowy Model t ma masę 175 GeV (180 mas protonów). Kwark ten powstał znacznie później w czasie od narodzin wszechświata, kiedy to został znacznie rozrzedzony i miał temperaturę ^{1013} K. W związku z tym masa cząstek ciemnej materii powinna znacznie przewyższać masę t-kwarka i mieścić się w zakresie 500-1000 mas protonów. Ciemna energia przyspieszająca rozszerzanie się wszechświata to energia przestrzeni, która uwalniana jest w wyniku grawitacyjnego ściskania linii energetycznych przestrzeni galaktyk lecących w oddali.

Wniosek

Obecnie w fizyce dokonano wielu fundamentalnych odkryć, które umożliwiły połączenie oddziaływania elektromagnetycznego, słabego i silnego w chromodynamice kwantowej w oparciu o zasadę kalibracji. Jest to jedno z największych osiągnięć współczesnej fizyki, które nazywane jest Teorią Wielkiego Zjednoczenia (TVO). Ale cenionym marzeniem wszystkich fizyków jest stworzenie jednej teorii, która łączy wszystkie 4 siły natury. Pod tym względem należy pochwalić Einsteina, ponieważ jako pierwszy próbował połączyć oddziaływania grawitacyjne i elektromagnetyczne, ale nie udało mu się. Obecnie takie teorie powstają poprzez opisywanie dużej liczby danych eksperymentalnych. Ta metoda budowania teorii, którą Einstein nazwał indukcyjną i uznał za mało obiecującą. Najwyraźniej miał rację, ponieważ pomimo znacznych nakładów materialnych i intelektualnych w tym zakresie, nie jest jeszcze możliwe stworzenie jednolitej teorii pola wszystkich podstawowych interakcji.

Pozycja symulowanego systemu w kwestii budowy Super Junction jest jednoznaczna. Teoria łącząca wszystkie podstawowe interakcje zostanie stworzona na podstawie interakcji materii i przestrzeni, ponieważ wszystkie te interakcje, w rzeczywistości, są oparte na tej interakcji...

Rozdział 6: Pośrednie dowody na istnienie rzeczywistych wątków mocy w przestrzeni kosmicznej

Modelowany system interakcji pomiędzy materią a przestrzenią opiera się na rzeczywistości istnienia energetycznych wątków przestrzeni, które obecnie nie mogą być wykryte, ponieważ nie ma w tym celu takich urządzeń, ale istnieje wiele dowodów na ich wpływ na procesy zachodzące w świecie rzeczywistym. Mogą to być następujące fakty, które faktycznie mają miejsce.

1.Materia jest w ciągłym ruchu. Źródłem tego ruchu jest energia wytwarzana przez ruch grawitonów w energetycznych nićch przestrzeni.

2. Ciało materialne ma właściwość przyciągania innych ciał materialnych i opierania się ich przyciąganiu. Miarą przyciągania jest ilość energii uwalnianej podczas ruchu materiału w energetycznych nićch przestrzeni, a miarą oporu jest stopień odkształcenia energetycznych nici otaczających to ciało przestrzeni.

3.Szybkość opadania materiału na ciało nie zależy od masy. Masa ciała to zestaw grawitonów. Prędkość opadania korpusu nie jest wynikiem zsumowania prędkości wszystkich grawitonów, ale prędkości pojedynczego grawitonu, która jest zdeterminowana stopniem deformacji wątków mocy przestrzeni.

4. światło przejawia się jako fale i jako cząstka. Światło składa się z pojedynczych porcji (kwantów) lub fotonów. Foton powstaje, gdy elektron przemieszcza się z orbity o wysokim poziomie energii do orbity o niskim poziomie energii. Wewnątrz elektronu znajduje się pewna ilość wątków siły kosmicznej, więc jest ich tyle samo co fotonu. Foton jest falą, ale porusza się wzdłuż linii energetycznych przestrzeni, więc pokazuje się jako cząstka.

5. Fotony o różnych energiach poruszają się z tą samą prędkością stałą dla danego medium. Zmienia się tylko stosunek długości fali do częstotliwości. To wskazuje, że fotony przenoszą energię przez linie energetyczne przestrzeni, których szybkość oscylacji jest stała dla danego ośrodka.

6. Elektron nadal porusza się nawet w temperaturze zbliżonej do zera absolutnego, gdy wszystkie cząstki elementarne przestają się poruszać. Siła napędowa elektronów jest energią przestrzeni, podczas gdy siła napędowa innych cząstek elementarnych jest energią materii, więc elektrony nadal poruszają się przy zerowej wartości energii materiału, tj. w temperaturze bliskiej zeru absolutnego...

7. Uważa się, że wszystkie cząsteczki Modelu Standardowego mają antycząsteczki, a foton nie. Ale tak nie jest. Foton ma też swój antyfaton

antycząsteczkowy. Na poparcie tego, przedstawimy następujące fakty. Maksymalna amplituda fali świetlnej jest maksymalną energią, natomiast minimalna amplituda jest brakująca. Można to wyjaśnić tym, że maksymalna amplituda jest maksymalną energią materii, a jej minimum to maksymalna energia przestrzeni. Aby odnotować ten punkt, nie ma obecnie odpowiednich instrumentów.

8. W chwili obecnej stałość prędkości światła w różnych środowiskach fizycznych jest ustalona doświadczalnie. Wynika to z faktu, że prędkość fali świetlnej w danym ośrodku zależy od prędkości oscylacji w nim power threads of space, a zależy ona od odległości pomiędzy dwoma power threads of space Im większa jest, tym większa jest prędkość światła w tym ośrodku i odwrotnie. Stąd, dla przykładu, nici mocy w przestrzeni i w przeźroczystych mediach (szkło, itp.) są znacznie bliżej niż w próżni, więc szybkość światła w nich jest znacznie niższa niż w próżni. Na tej podstawie możemy założyć, że jeśli uda nam się sztucznie zwiększyć odległość pomiędzy dwoma liniami energetycznymi przestrzeni, to da to wielokrotny wzrost prędkości światła w próżni. Pozwoli to na zwiększenie szybkości pozyskiwania informacji w skali kosmicznej.

9. Jak wiadomo, głównym składnikiem we wzorze E = mc2 jest współczynnik wiązania energii do masy. To właśnie jemu formuła ta, po zastosowaniu, zawdzięcza wysoką dokładność zbieżności danych teoretycznych i doświadczalnych. Einstein umieścił w niej prędkość światła nie liniowo, nie w trzecim stopniu, ale w kwadracie. Decydującą rolę odgrywa fakt, że całkowita energia, która znajduje się po lewej stronie formuły, składa się z dwóch energii: energii materii i energii przestrzeni, które przecinają się wzajemnie i obie poruszają się z prędkością światła.

10. Neutrino przenika przez kulę ziemską bez żadnych przeszkód, ponieważ ma wolne od grawitonów wątki siłowe przestrzeni, czyli sposób, w jaki neutrino się porusza.

11. W przyrodzie nie ma pierwiastków chemicznych, których jądra (z wyjątkiem lekkiego jądra wodoru) byłyby zatrzymywane przez jeden proton, chociaż to one decydują o efektywnym ładunku jądra. Wynika to z faktu, że elektrony składające się na neutrony rozszerzają włókna energetyczne przestrzeni wewnątrz jądra. W rezultacie utrzymuje się pewien porządek nukleonów zawartych w jądrze, zapewniając w ten sposób geometrycznie przestrzenne położenie chmury elektronów wewnątrz atomu i kierunek jej działania w reakcjach chemicznych. Wszystko to razem i decyduje o fizycznych i chemicznych właściwościach pierwiastków.

12. Duże ciała niebieskie - gwiazdy, planety i ich satelity obracają się wokół swojej osi i mają kształt kulisty. Małe - asteroidy, komety w ruchu dokonują chaotycznych zamachów stanu (efekt Janibekowa). Źródłem rotacji i obrotów ciał niebieskich są siły powstające w wyniku oddziaływania grawitonów masy tych ciał z wątkami sił przestrzeni. Są one uniwersalne, ich siła wypadkowa jest skierowana od peryferii do środka. Przy odpowiedniej objętości masy, całkowity wynik osiąga wartość zdolną do nadania ciału kulistego kształtu i rotacji. Jeśli nie ma wystarczającej masy, może tylko stworzyć moment przechylający.

13. Słońce deformuje (kompresuje) silikonowe nici przestrzeni wokół niego. Ciała kosmiczne wychodzące z układu słonecznego w swoim ruchu ściskają wątki mocy przestrzeni w kierunku ich ruchu. Poza Układem Słonecznym, nici energetyczne przestrzeni są mniej zdeformowane (ściśnięte), czyli bardziej rozbudowane, dlatego też statki kosmiczne opuszczając Układ Słoneczny powinny wydawać pewną ilość energii na dodatkowe ściskanie nici energetycznych przestrzeni w kierunku jej ruchu. Co powoduje spadek ich prędkości, gdy opuszczają układ słoneczny. To jest tajemnica anomalii Pioniera.

14 Urządzenie aparatu do fotosyntezy roślin zielonych opiera się na podziale funkcji pomiędzy kompleksem zbierania światła (FCS) a centrami reakcji. Taka separacja zwiększa stopień ściśnięcia wątków energetycznych przestrzeni wewnątrz zielonej płyty do wartości pozwalającej centrom reakcji na wytworzenie fotolizy cząsteczki wody w temperaturze ^{100C}.

15. Przy bocznym oświetleniu roślin zielonych ich liście przyjmują pozycję przestrzenną, przy której kąt padania na nie promieni świetlnych jest maksymalnie zbliżony do 90 stopni. Wynika to z faktu, że w tym przypadku energia większości fotonów staje się wystarczająca do ściśnięcia wątków energetycznych przestrzeni do wartości wystarczającej do procesu fotosyntezy.

16. Ruch jest podstawą życia w żywych organizmach. Jest to nie tylko sposób na wydobycie składników odżywczych dla ich istnienia, ale również na pozyskanie dodatkowych źródeł energii w celu stymulowania ich procesów fizjologicznych. W rzeczywistości organizmy żywe są zbiorem cząstek materialnych (grawitonów), których ruch na nitkach energetycznych energii kosmicznej uwalnia się, zwiększając reaktywność atomów pierwiastków chemicznych tworzących komórki organizmów żywych.

Kolibri 360 GmbH
Ferdinand-Jühlke-Straße 7
99095 Erfurt, Deutschland
produktsicherheit@kolibri360.de

Druck:
CPI Druckdienstleistungen GmbH
im Auftrag der
Kolibri 360 GmbH
Ferdinand-Jühlke-Str. 7
99095 Erfurt